国家级一流本科课程配套教材

高等院校艺术设计专业“十四五”新形态系列教材

Banshi Sheji yu Wangge Xitong

版式设计与网格系统

融入思政元素
全面提升学生思想道德修养

提供数字化资源
增强学生的学习体验

设计跨学科内容
培养学生综合分析能力和创新思维

熊文飞　童彦婷　任赛赛　主编

Integrating ideological and political elements
to comprehensively enhance
students' ideological and moral cultivation

Providing digital resources
to enhance students' learning experience

Designing interdisciplinary contents
to cultivate students' comprehensive analytical ability
and innovative thinking

武汉理工大学出版社
WUTP WUHAN UNIVERSITY OF TECHNOLOGY PRESS

图书在版编目（CIP）数据

版式设计与网格系统 / 熊文飞，童彦婷，任赛赛主编．-- 武汉：武汉理工大学出版社，2025.3．--ISBN 978-7-5629-7108-5

Ⅰ．TS881

中国国家版本馆 CIP 数据核字第 202416WC61 号

武汉理工大学本科教材建设专项基金项目

项目负责人：杨　涛

责 任 编 辑：赵星星

责 任 校 对：王　旭

装 帧 设 计：艺欣纸语

排　　　版：武汉正风天下文化发展有限公司

出 版 发 行：武汉理工大学出版社

社　　　址：武汉市洪山区珞狮路 122 号

邮　　　编：430070

网　　　址：http://www.wutp.com.cn

经　　　销：各地新华书店

印　　　刷：武汉精一佳印刷有限公司

开　　　本：889 mm×1194 mm　1/16

印　　　张：8

字　　　数：240 千字

版　　　次：2025 年 3 月第 1 版

印　　　次：2025 年 3 月第 1 次印刷

定　　　价：49.90 元

高等院校艺术设计专业“十四五”新形态系列教材

编审委员会名单

前言

武汉理工大学艺术与设计学院熊文飞教授主持的“版式设计”课程被教育部认定为“国家级一流本科课程”，本书是课程教学团队基于该课程编写的配套教材。本教材除了将所有在线课程资源翔实地记录下来外，还为同学们提供了更多适合线下自学的高清案例作品和版式设计资源，以供参考。

同学们可以通过以下方式参与在线课程的学习与互动，就学习过程中遇到的任何专业问题同教学团队的教师互动，与全国各地参与在线学习的同学交流学习心得。

方式一（手机端学习）：在手机应用商店中搜索并下载安装“中国大学MOOC”App。打开App后，在顶部搜索栏输入关键词“版式设计”，选择由武汉理工大学熊文飞教师团队主讲的“版式设计”课程，注册、登录后即可参与线上学习和互动。

方式二（电脑端学习）：在电脑浏览器中输入“中国大学MOOC”的网址icourse163.org，在网站首页顶部搜索栏输入关键词“版式设计”，选择由武汉理工大学熊文飞教师团队主讲的“版式设计”课程，注册、登录后即可参与线上学习和互动。

本教材的成形得益于“版式设计”课程教学团队全体教师（熊文飞、张亚敏、童彦婷、任赛赛、王凯平）多年的辛勤付出。感谢武汉理工大学艺术与设计学院副院长何方教授的大力支持，感谢参与本教材组稿和案例编写的研究生们（代丹蕾、常思雨、陈锦文、何雨璐），感谢提供各类课程作业案例的同学们。

编者

2024年7月

扫码学习课程

获取更多学习资源

目录

目录

第一章　认识版式设计

开始学习这门新课程前，先思考以下几个问题：

我们学习版式设计这门课程的目的是什么？这门课程将帮助我们解决什么问题？版式设计的基本构成要素是什么？如何结合我们学到的设计理念来达到设计目的呢？

通过接下来的学习，这些问题的答案同学们都会找到。让我们带着这些问题一起开启版式设计课程之旅吧！

一、何谓版式设计

版式设计是视觉传达的重要手段。从字面上看，它是一种关于编排组织的技能；但实际上，它不仅是一种技能，更实现了技术与艺术的高度统一。版式设计是现代设计者必备的基本功之一。版式设计是指设计人员根据设计主题和视觉需求，在预先设定的有限版面内，将图片、文本、色彩、空间等版式设计基本要素，按照一定的规律进行有组织、有目的地排列组合的设计行为与过程。（图1-1）

有限的空间（载体）

视觉元素（文本、图片、色彩）

} 样式

有效地传达信息 ——→ 设计的目的

图1-1　版式设计概念中隐含的知识点

版式设计的目的是有效传递主题信息，同时强化形式和内容的互动关系，通过版式设计，给读者提供一个舒适的阅读空间。

二、哪些领域需要版式设计

版式设计几乎涉及平面设计的各个领域，如广告、包装、报纸、杂志、书籍、宣传手册、网页设计等（图1-2至图1-6）。经过版式设计的内容更加醒目、美观，能增强阅读舒适性。好的版式设计可以更准确地传达作者想要传达的信息，或者加强信息传达的效果。版式设计是艺术构思与编排技术相结合的工作。

三、版式设计的历史与演变

（一）中国传统书籍的典型版面

中国传统的印本书籍只印纸的一面。每一张纸从中央对折，这样就形成了一页的两面。书的每一页上有特别的形式及线条，其名称有助于解释它们的性质及功能。纸张的印刷部分与印版大小相同，称为版面（图1-7）。

版面中央称为版心。版心处有一细栏文字，为本页内容的小标题、页次，有时也放印本分卷的号码及名称，或本张字数及刻工姓名。版心中央有一根黑线，有粗有细，称为象鼻，一般以此线为准折页。在象鼻上或有上下相对的两个凹形尖角黑花，称

图1-2　杂志版式设计

图1-3 2020年俄罗斯最美的书《悠闲漫步在沃尔洪卡》封面设计

图1-4 海报版式设计

图1-5 迪士尼App界面设计

图1-6 鲁花产品包装设计

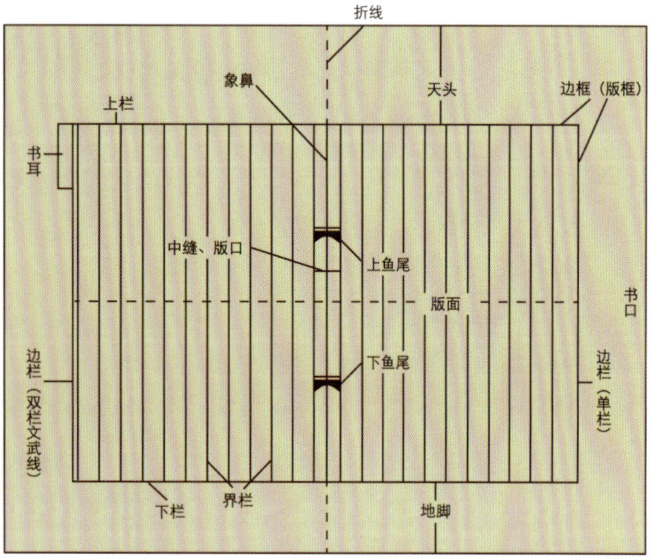

图1-7 中国传统印本书籍版面

为鱼尾①，凹形的尖顶处为折页的标准。宋版书籍有时在版面的左上角印一长方形符号，内写卷次，称为书耳。

书页上下边缘的空白处分别为“天头”“地脚”。“天头”一般用于印书眉、页码等，较宽，“地脚”一般较窄。书的每页画成行格，行与行之间有细线区隔，称为“界”。每页四边均有边栏，或为单线，或为双线。书的正文印在行内，为大字单行，书的注释或批语则以小字双行印在所注句或字下，同在一行之内。这种印法的基本版式以及版面术语沿用至今。

① 鱼尾在雕版册页装古籍版心中缝处，在蝴蝶装的书脊位置，在包背装、线装、毛装的书口。书页对折后呈两个三角状。鱼尾按印刷着墨面积的大小可分为黑鱼尾、白鱼尾、花鱼尾。上平而下开口的为顺鱼尾，反之为逆鱼尾。（李洪波：中国雕版古籍版式研究，硕士学位论文，中央美术学院，2010，第26页。）

中国传统书籍的版式是直排，从上到下、从右到左。（图1-8）

在目录的编排中，通过文字上下分级别，按照由大到小的层级关系穿插排列，将信息层级清晰地显示出来。如图1-9所示，在宋刻本《太平寰宇记》的章节目录中，文字信息依册本信息、作者、卷名、章节名的顺序从右往左排列。

关于章节内容的编排，以明刊本《三才图会》（图1-10）为例，书中的《指南车图》这一页的标题位于天头，页面分纵向三栏，正文占一栏，插图占两栏，空间留白的插图区与排列整齐的正文区之间形成黑白的强烈对比，整个页面极具装饰性。

上述案例介绍了中国传统书籍在版式设计中对标题、文字、插图的一些典型处理手法。自宋之后，中国书籍的版式风格已独具特色，值得深入挖掘。（图1-11）

（二）欧美版式设计的历史与演变

1. 古典版式

古典版式书籍设计由德国人谷登堡（Gutenberg）创造于500多年前。当时他为拉丁文经典图书《圣经》做版面编排（图1-12），在面对这个难度颇大的任务时，他最终决定以图书订口为轴心、左右两面对称的基本形式进行装订。版面上空白与非空白部分相互协调，没有印刷文字的部分围绕文字组成了一个保护性的边框，文字、图片被嵌入版心之内。这种理性分割的形式贯穿整本书的始终。谷登堡是西方活字印刷和古典版式设计的始祖。古典版式设计由于其结

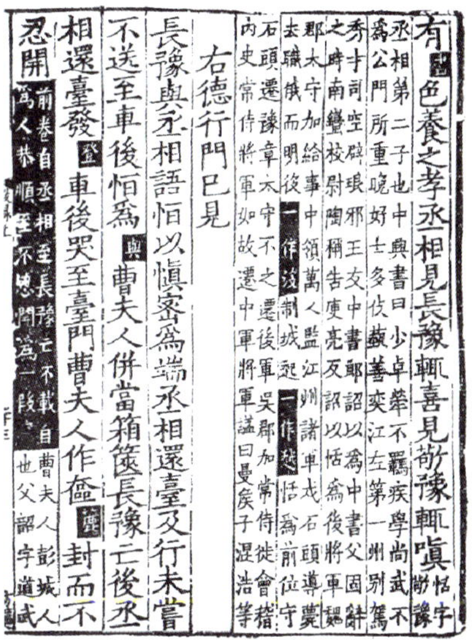

图1-8 中国传统书籍的版式

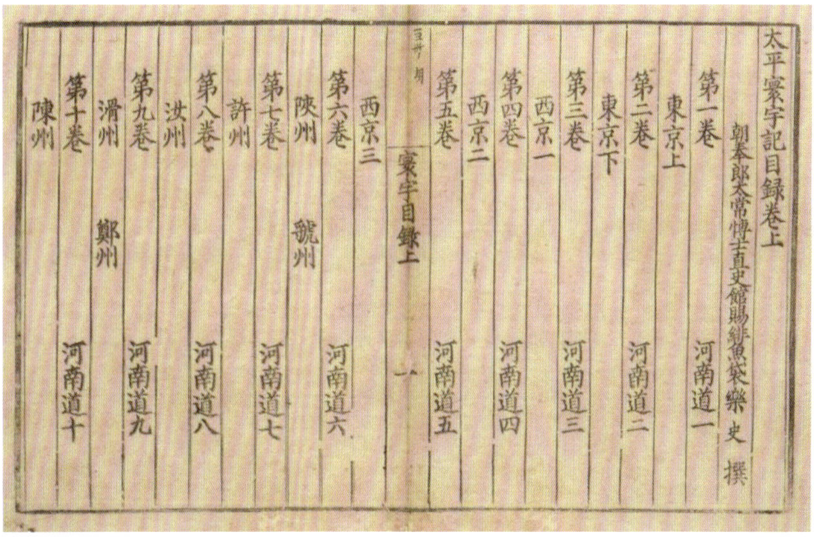

太平寰宇記目録卷上
朝奉郎太常博士直史館賜緋魚袋樂史撰
第一卷 河南道一
東京上
第二卷 河南道二
東京下
第三卷 河南道三
西京一
第四卷 河南道四
西京二
第五卷 河南道五
寰宇目録上 一
西京三
第六卷 河南道六
陝州 虢州
第七卷 河南道七
許州
第八卷 河南道八
汝州
第九卷 河南道九
滑州 鄭州
第十卷 河南道十
陳州

图1-9 中国传统书籍中的文字信息层级

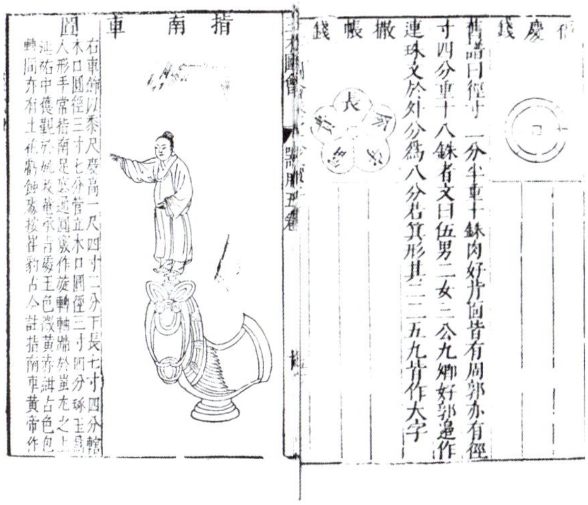

图1-10 中国传统书籍中的网格

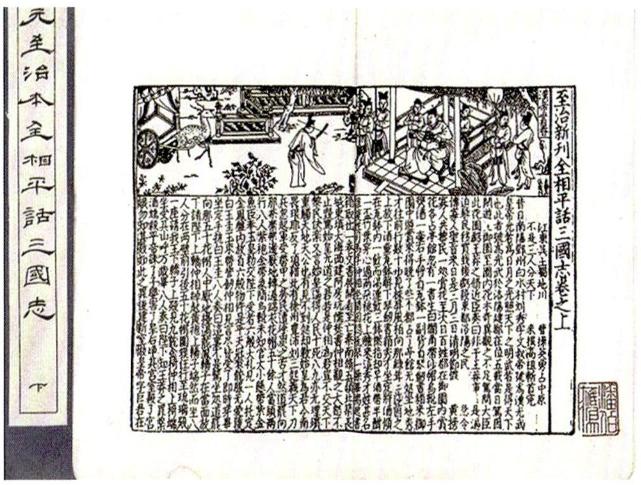

图1-11 中国传统书籍插图本的典型版式

图1-12 第一本古典版式设计《圣经》

构严谨、形式典雅大方，在相当长时间受到读者的青睐。

2. 现代意义的编排设计

现代意义的编排设计是在20世纪20至30年代早期理论和原则的基础上建立起来的。19世纪的马拉梅（Mallarmé）、阿蒂尔·兰波①（Rimbaud）以及20世纪的纪尧姆·阿波利奈尔②（Guillaume Apollinaire）不仅为编排设计带来了新的理解方式，他们的创新和试验还把人们从固有的偏见和束缚中解放出来，这为后来的理论家和实践者获得开创性成就奠定了基础，也为那些过分死板的编排设计赋予了新的活力。（图1-13）

3. 网格的意义

我们要特别感谢那些能从客观功能出发来进行字体排印和平面设计的大师们，是他们在视觉传达领域中发展出了一套富有规则的系统。早在20世纪20年代，德国、荷兰、苏联、捷克斯洛伐克、瑞士等国的设计师们，就倡导用客观的态度来构思字体排印、平面设计和摄影作品，并通过一套严格的规则来实现设计。其中，20世纪最重要的字体设计大师扬·奇肖尔德（德国）就在其《新字体排印》（*Die Neue Typographie*，1928年）一书中创建了现代、客观的字体编排规则，满足了时代的需求。

网格作为一种控制形式，是在第二次世界大战后的瑞士得到发展和应用的。

瑞士凭借中立的立场成为欧洲少数相对拥有安定生活和工作环境的国家，这里的设计师、艺术家们可以埋头从事创作，因而发展出高度秩序化、理性化和功能化的平面编排风格。

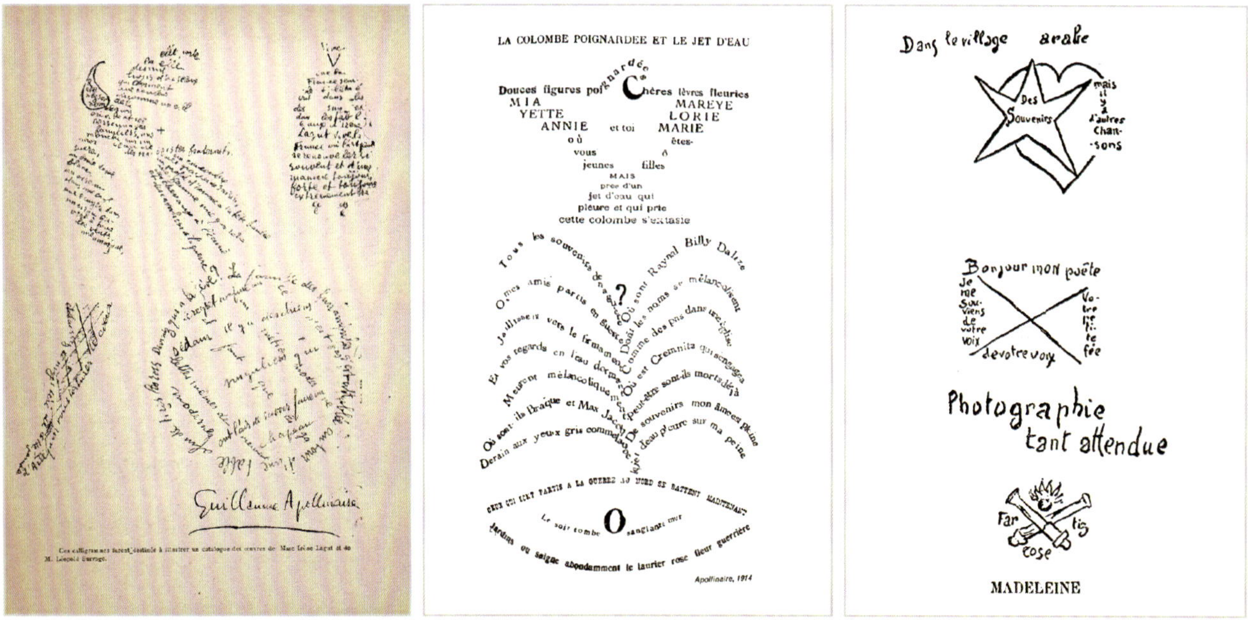

图1-13 纪尧姆·阿波利奈尔的编排设计

① 阿蒂尔·兰波，19世纪法国著名诗人，早期象征主义诗歌的代表人物，超现实主义诗歌的鼻祖。

② 纪尧姆·阿波利奈尔，法国著名图像诗人，在法国流行的各种各样的图像诗最早就是他创造的。这种图像诗并不是文字游戏，而是根据思想内容创作的。1917至1938年，整个欧洲经济萧条，人民处在兵荒马乱、动荡不安的社会格局下，生活困苦。艺术家们开始对旧有的艺术表现形式和手法失去兴趣，转移至弗洛伊德的理论。他们把毫不相干的东西凑到一起，热衷于没有任何逻辑联系和理性约束的表现手法，超现实主义也在这时盛行。

为了实现有序、有组织的视觉表达，国际主义设计大量使用网格排版（图1-14、图1-15）。国际主义代表设计师约瑟夫·米勒-布罗克曼（Josef Müller-Brockmann）在其《平面设计中的网格系统》（图1-16）一书中阐述了网格系统的核心思维。

网格系统不只是一个纯粹的视觉框架、一种“放置视觉元素的艺术”。在其底层，讲究的是对数据语义的结构化、精细化的组织。这与今天的表格数据有相似之处：从信息处理推导出图形布局，为数据的含义以及数据块间的关系提供线索。

使用网格作为辅助设计手段的优点是：

（1）可以通过视觉传达的手段客观地建构主题。

（2）可以系统和有逻辑地构建文本和插图类材料。

（3）可以在一个紧凑的空间中根据文本和插图的特点建立节奏关系。

网格带来的影响一直延续至今，并不断地在各个行业中得以应用发展（图1-17至图1-20）。

4. 自由版式设计

到了20世纪80年代，自由编排兴起，最重要的代表人物是美国的戴维·卡森和英国的尼维利·布罗迪，他们结合光感抽象诗意摄影、摄影蒙太奇手法，通过放大、缩小、朦胧、叠加等手法变化形象，版面有了速度感、光感、不确定性等特点。通过消化与吸收这些流派风格，自由编排设计拥有了既单纯又复杂多样的形式，形成既糅合了现代视觉语言，又与普通版面设计原则背道而驰的叛逆风格。

戴维·卡森负责为杂志《光束枪》设计版面，除了为杂志设计了大量的原创图形外，他运用了一个重

图1-14　国际主义平面设计风格（1）

图1-15　国际主义平面设计风格（2）

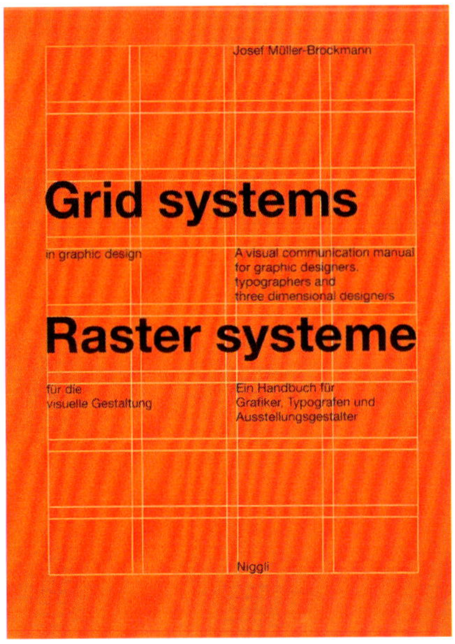

图1-16　《平面设计中的网格系统》封面设计

图1-17　网格在书籍中的应用

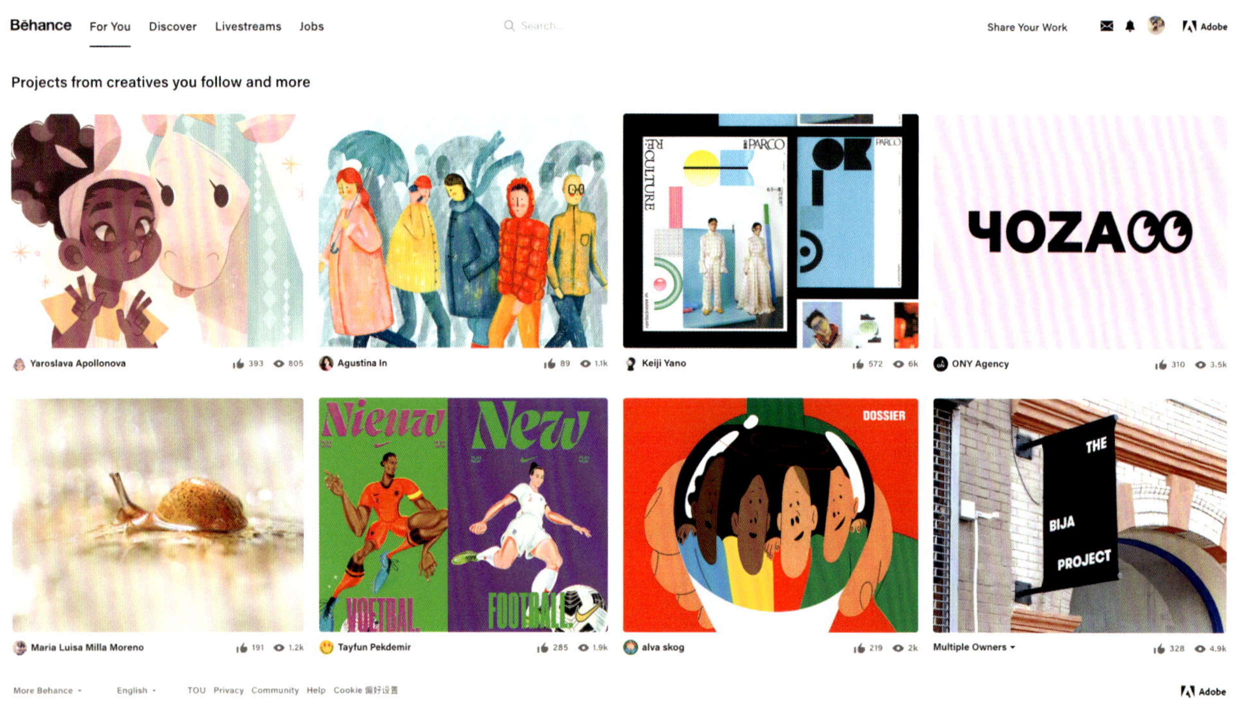

图1-18 网格在网页中的应用

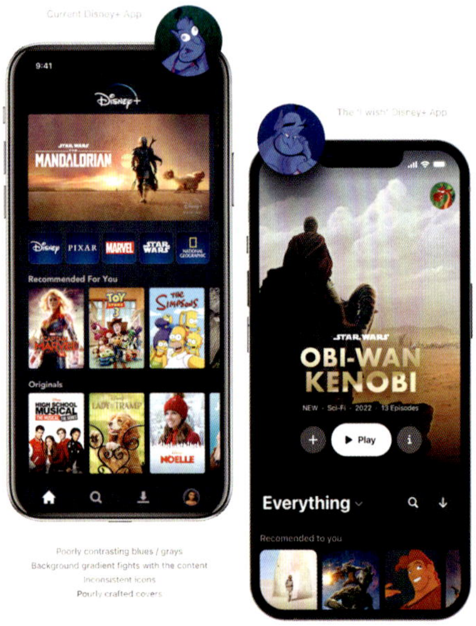

图1-19 网格在手机App中的应用

图1-20 网格在导视系统设计中的应用

要的设计方法，即采用电影逻辑来设计版面。他设计的杂志的画面是流畅的，因为他会对页面进行衔接处理，把前后页面利用图像等设计元素串联起来，使之成为一体，这种做法在版面设计中也是一个创举（图1-21）。

自由版式设计师们不再拘泥于规则，就像戴维·卡森说的，我父亲的工作发生意外的概率为40%，当想到这一点时，到底是该使用衬线还是无衬线字体似乎就不太重要了。

1995年，戴维·卡森所著《印刷的终结：戴维·卡森的自由版式设计》一书出版，书中展示了他独特的观点。

四、版式设计的整体概念

大脑获得的视觉信息与眼睛看到的视觉信息并不一致。眼睛看到的视觉信息在向大脑传递的过程中被极大地简化了。大脑获得的信息，仅是眼睛接收的信息中的极少部分。并不是人眼无法获取这些信息，而

图1-21　自由版式设计风格

是大脑可以把以前保存的视觉信息与新接收的视觉信息加以重组，从而得出准确的判断。

如图1-22所示，在我们第一眼看到这张由各种动漫人物组成的图片时，大脑不会先去解读照片中人物角色的细节信息，而是读取轮廓信息（图1-23），然后将大脑中存储的动漫人物的影像调出来，同这个画面中的轮廓进行重组，进而识别出这是哆啦A梦。在辨识出基本信息后，大脑才会进一步处理照片中的细节信息。

也就是说，大脑会先简化信息形成“第一印象”，然后一步步丰富细节信息。这个“第一印象”虽然是“被简化的信息”，但能影响人的判断。我们可以想象一下，当我们在超市面对大量同类商品的时候是如何做出选择的？正是通过简化信息，在面对大量商品包装时，大脑才能根据简化后的信息快速做出判断：“这个太乱了，商品很廉价”“这个很有趣，年轻人的产品”“这个很美味”“这个富有激情”“这个有文化底蕴，有信任感”“这个很文艺，很安静”等（图1-24至图1-27）。

这种“视觉信息的简化”所带来的“第一印象”，我们称其为“整体印象”，这种整体印象是由形体、颜色、位置关系、平衡等信息带来的大体印象。

也正因为如此，在版式设计学习过程中如何建立“设计的整体观”应该是首要任务，任何细节设计都需要符合整体的需要，不能抛开整体去谈细节设计。

优秀的版式设计是将各种编排元素融为一体，以整体的形式与张力传递出视觉信息，从而突出作品的主题，使之更具有艺术感染力。这个观念必须贯彻在版式设计中。“整体”是版式设计的前提，好的版式设计，最终目的是使版面具有条理性，更好地突出主题，达到最佳表达效果。

图1-22　版式设计的整体概念示例（1）

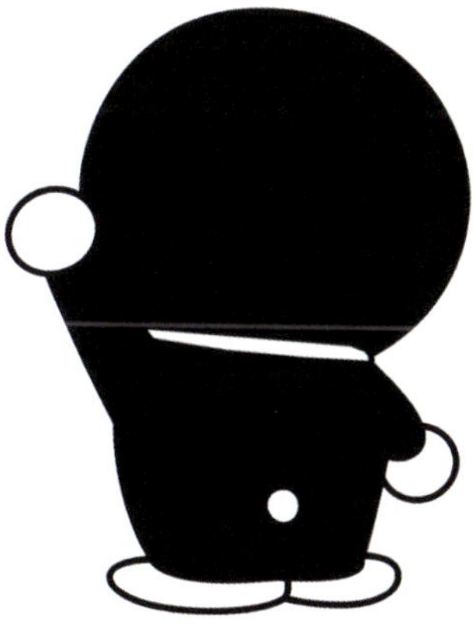

图1-23　版式设计的整体概念示例（2）

图1-24　视觉信息的简化（有趣）

图1-25　视觉信息的简化（年轻）

图1-26　视觉信息的简化（安心）

图1-27　视觉信息的简化（文化）

如何在版式设计中建立整体观念？我们可以从三个方面去构建。

（一）建立信息等级，以明确的主次关系传递设计主题

面对繁杂的信息，版面设计的目的就是要从混乱和随意中找到条理，给阅读者提供明确的阅读点。成功的版面设计应该使阅读者知道哪个信息最重要、应按什么顺序来阅读，从而知晓设计者要表达的主题。这种依信息主次进行设计的方法，称为信息等级编排。即使在偏爱表现视觉混乱的当代设计作品中，设计师也会运用信息等级编排，使受众理解所要传达的主题。

我们可以一起看看这个作品（图1–28），版面中下方的黑色小方块很有效地将我们的视线从页面顶部引导至页面的底部，使我们不会忽略处于底部的信息。

信息等级的建立是设计师开始视觉设计之前必须做的事情。当项目委托方将任务委托给设计师时，往往会提供大量的文本和图片（图1–29），设计师在明确设计任务和设计主题后，就需要对文本进行信息整理和提炼，将文本中相互关联的内容归为一类，依信息主次建立起信息等级（图1–30），编写出设计大纲。例如，将一级标题、二级标题、三级标题、正文等进行树状排列，这样便于设计师对各级标题及正文的字号、字形、色彩进行总体的把握。事实上，设计大纲一旦编写完成，明确的分区也就自然建立起来。（图1–31）

（二）将编排元素抽象化，用以研究黑、白、灰的整体布局

我们发现，在版式设计课程的学习中，学生容易关注版式设计中的一些细节，如变体字的造型、文字绕图编排、图形的特效、过多变化的色彩等，反而忽略了版面的整体构成，而这却是学习版式设计时应该最先建立的概念。

因此，我们会指导学生学习将一个版面中的编排元素抽象化，用点、线、面来代替具体的编排元素。抽象的形便于我们抛开细枝末节，从整体上去把握各编排元素间的构成关系，同时便于我们运用平面构成中黑、白、灰的构成原理来分析版式中的整体布局。

如图1–32所示，右图为左图编排元素抽象后的版面，不同面积、不同明度的色块分布在不同的位置，使整个版面达到很好的平衡；而这不同的明度，正

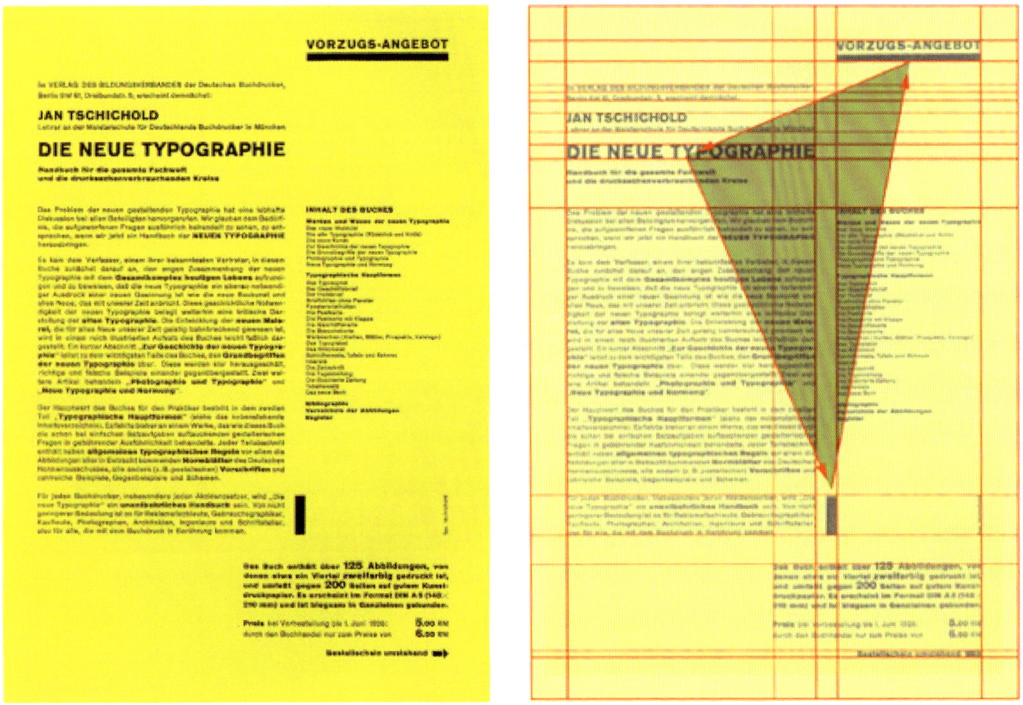

图1–28　版面中视线移动方向分析

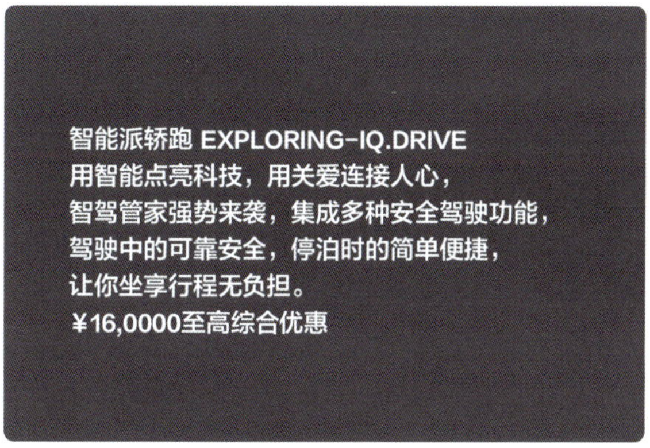

图1-29　一段给定的文本

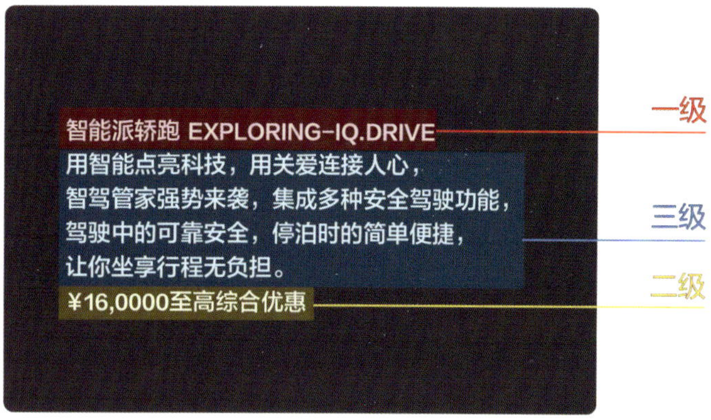

图1-30　进行信息分级

是由文字的色彩、字体、字号、间距形成的。人们对这个版面的印象不是直接来自色彩、字体、字号、间距等细节，而是来自它们整合之后的整体印象。

（三）观察负形空间的形态

在版式设计中，图形与图形、图形与文字、文字与文字之间都是可见的形与形之间的构成关系，学生经过一定时间的训练便能很快掌握。不容易掌握的是编排元素之间形成的空白空间，也就是“负形空间”的构成关系，这

图1-31　信息分级后拉开对比

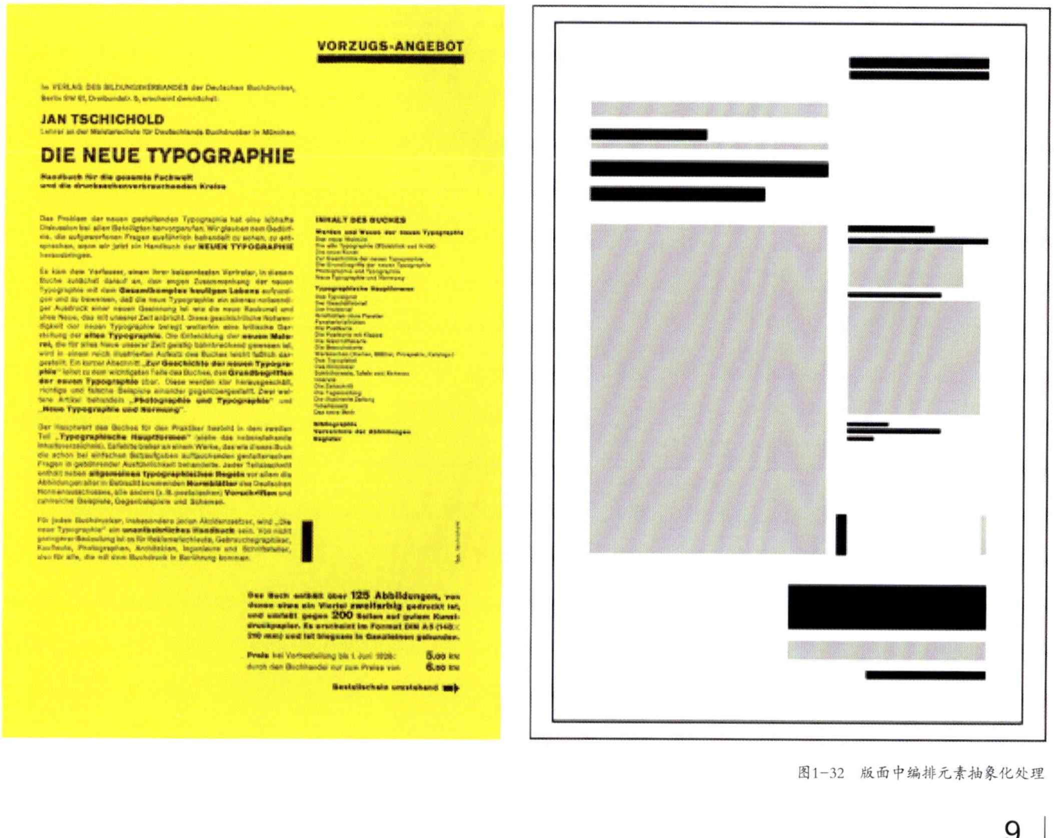

图1-32　版面中编排元素抽象化处理

一点在设计时很容易忽略，需要时刻提醒自己。（图1-33）

五、版式设计的基本要素

版式设计的四大基本要素（图1-34）即图片、文本、空间、色彩。在版式设计中，这些要素充当着不同的角色，共同发挥着创造与构成具有某种形式、情感、风格的画面的作用。下面我们分别讲述这些基本要素的概念及其应用于版式设计时的基本注意事项。

（一）图片

在版式设计中，图片主要分为照片（图1-35）和风格各异的插图（图1-36）。图片在版式设计中的基本应用形式有四种：角版图、单边出血版图、羽化版图、挖版图。这四种不同的形式各有其特征。如图1-37所示，四周清晰，形成直角的图称为“角版图”；图片的一条边与版面边缘重合，我们称之为“单边出血版图”；图片四周形成模糊的边缘，我们称其为“羽化版图”；根据图片内容的形状裁切而成的不规则图片，叫作“挖版图”。

在这些基本的图片形式中，角版图最常见，在提高网格拘束程度时经常使用。角版图能够起到稳定版面四个角的作用，使整个版面看起来结构稳定、稳重。

挖版图外形自由，能够打破网格的拘束。为避免提高网格拘束程度后出现呆板印象，可尝试部分图片使用“挖版”效果，两者组合运用，能产生强烈对比效果，挖版会成为画面的中心，同时整个版面也

角版图、挖版图示例

图1-33 版面中负形空间示例

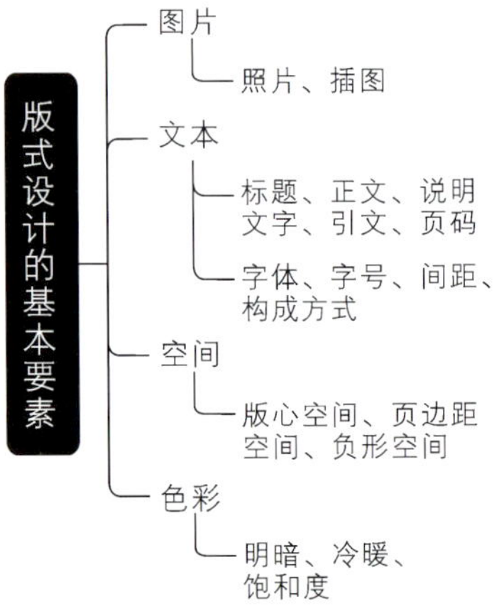

图1-34 版式设计的基本要素

图1-35 照片

图1-36 插图

角版图

单边出血版图

羽化版图

挖版图

图1-37　图片的基本应用形式

会变得有活力。

不论是照片还是插图，除了需要了解以上常见的应用形式外，照片和插图自身的内容和风格才是版面设计师最为关心的对象。在本教材第二章的“视觉度”和“图片的跳跃率”部分，我们会详细讲解图片内容的差异带来的版面变化。

（二）文本

在版式设计过程中，大量的工作是对文本进行各种样式的设计。很多初学者不重视文本设计，而过多地关注版面和图形装饰效果，但随着版式设计实践的深入就会发现，优秀的设计师往往对版面基本要素的调整是细致入微甚至苛刻的。

对于文本，首先我们需要明确它是哪一类功能的文本，如标题文本、正文文本、说明文本、注释文本、图注文本等；其次，需要根据文本内容判断文本之间的信息层级关系；最后才是根据主题和版面的需要对文本进行诸如字号、字体、构成方式、间距、色彩等的调整。这些对文本的调整会在本教材第二章“文本的构成方式”和“字体的印象”中详细讲解。（图1-38、图1-39）

图1-38　书籍封面上的文本（1）

图1-39　书籍封面上的文本（2）

（三）空间

版式设计中所说的空间有三层含义（图1-40）：一是画面的版心空间，即我们常用来编排图文的空间；二是与版心相对应的页边距空间；三是图文要素未占据的负形空间，即空白空间。其中，版心空间和页边距空间一起构成了整体的排版空间。

在本教材第二章的“版面率”部分会详细讲解版心的概念以及版心空间与页边距空间的相互关系，同学们可以进一步学习。

版式设计实践中最容易被初学者忽视的是负形空间。负形空间是否连贯、流畅，往往是有经验的设计师用来检查版式设计隐藏问题的工具。本教材第四章的拼贴练习就是一个加深初学者对负形空间理解的有效练习。

（四）色彩

除了图片自身所包含的色彩信息外，版式设计中也可以应用色彩对文本、空间进行调整。在设计师眼中，色彩是传递信息的一种手段，色相、明度、色彩的饱和度、色彩的面积等都是设计师关注的内容。在版式设计过程中，设计师往往会先通过图文以及空间要素的处理，在版面中构建协调的布局关系，然后再通过色彩来强化这种布局关系或者呼应主题。（图1-41）

图1-40　版面中空间的分类（版心空间、页边距空间、负形空间）

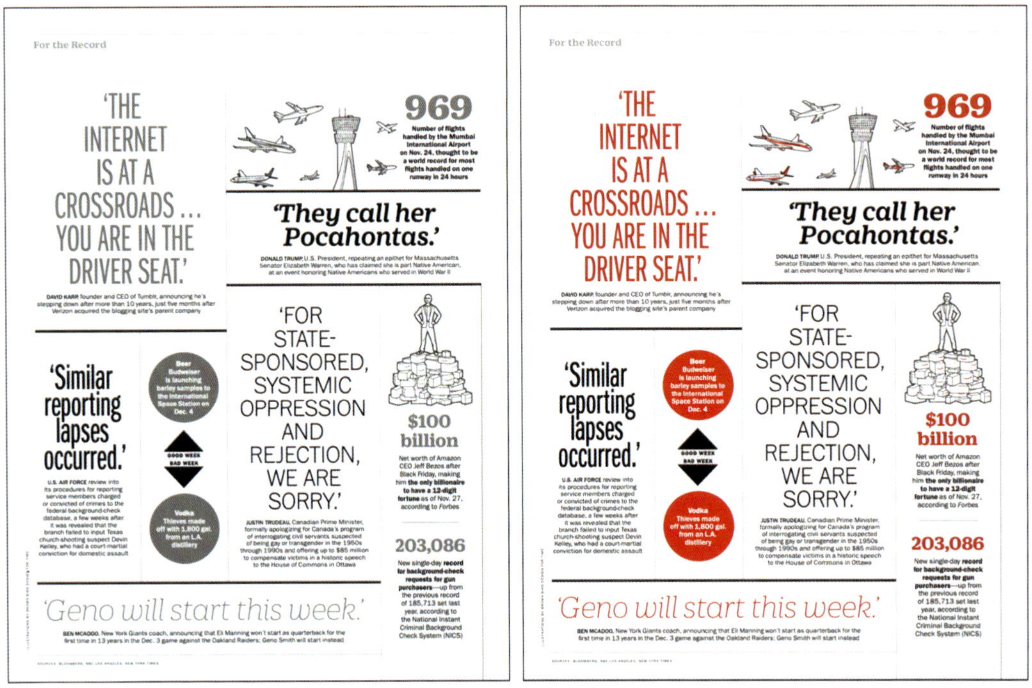

图1-41　色彩在版面中的作用

版式设计的四个基本要素有各自不同的特点和作用。在版式设计中，四者有机组合才能获得理想的版面布局。版式设计的初学者要充分了解各要素的基本特点，掌握各要素可调整的内容，熟悉其在版式设计中的作用，在实践中多练习，才能理解并处理好各要素之间的关系。

六、本书知识结构

版式设计学习的基本任务，在于把握版式设计中基本要素的构成关系，如标题与正文、文本与图片、图片与色彩的整体或者局部之间的构成关系。在此基础上，再去学习更为复杂的网格，从而更好地运用网格系统工具来组织大容量信息。

本书分为两个部分：基础部分和进阶部分。（图1-42）

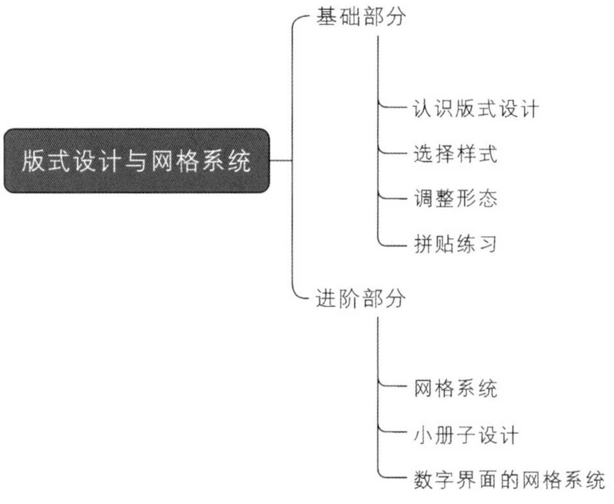

图1-42　《版式设计与网格系统》知识结构图

其中，“基础部分”是以较为感性、经验性的方式介绍版式设计实践中的一些方法，如如何明确主题、如何选择和调整样式等；而“进阶部分”是在明确概念、单位的基础上，让学生尝试计算、设置网格，较为理性地去思考。

针对“基础部分”和“进阶部分”所布置的作业也会有所不同。“基础部分”的作业会要求学生动手剪切、拼贴，让学生远离计算机，回归到最原始的方式，慢节奏地、直观地组合四大要素，激活学生对版式设计中各要素构成关系的神经。

“进阶部分”的练习会模拟完整的设计过程，由主题设定到文字撰写、图片选择、排版等一系列的步骤组成。

不论哪个阶段的练习，都是让学生在模仿中思考、从实践中总结。

思考题

请依据讲座海报这个应用场景，将以下文字信息按照重要与次要的程度区分层级关系。你觉得哪些是一级信息，哪些是二级信息呢？

设计开悟提升心智。本科生学习中的创意思维呈现方式。2022年10月12日14:00。艺术与设计学院五楼报告厅。李中杨，首都师范大学教授、博士生导师，首都师范大学视觉设计与教育研究所所长，中国高等教育学会理事，北京设计学会理事兼视觉设计专业委员会主任，创意中国设计联盟副主席，全国文创产业设计联盟副主席，2022年北京冬奥会形象景观设计项目负责人，教育部设计学科评估专家，教育部人文社科项目评审委员，文化和旅游部国家社科基金艺术学项目评审委员，科技部国家科技支撑计划项目评审委员，全国中文核心期刊《包装工程》杂志编委会成员，“光华龙腾奖——中国设计贡献奖”银质奖章获得者。

第二章　选择样式

本章主要介绍主题和样式的功能及使用方法，旨在为版式设计者提供一个实用的工具。大家可以带着以下问题展开本章节的学习：什么是主题？什么是样式？样式的选择为什么很重要？影响样式的因素又有哪些呢？

所谓主题，是指设计师在设计作品时赋予作品的中心思想。

主题是设计作品的主体和核心，也是作品要传递的最重要的信息。在任何设计阶段，我们都需要检查自己的设计是否主题明确，如果答案模棱两可，那么请回到原点，重新检查所有的步骤，看看是从哪一步开始出错的。

所谓样式，是指设计作品中文本、图片、空间、色彩及其组织方式带来的整体视觉印象。

这就像我们对陌生人的印象，最初是来自这个人的外在基本特征，如服装、配饰、动作、表情、语言等，我们通过这些来判断这个人可能是某种性格的人，或者大概是从事某种职业的人。当外在基本特征与性格或职业契合时，我们往往会觉得真实。

同样地，同一个演员，在不同的电影中，不同的服装、配饰、表情、语言等，也会导致角色个性特征上的巨大差异。比如，葛优在电影《夜宴》中是皇帝，在《不见不散》中是旅美的普通人，在《没完没了》中是被逼得没有退路的出租车司机，在《桃花运》中是感情的骗子，各个角色差异巨大。

我们可以把角色或人物的这种“外在基本特征”理解为“样式”。设计作品就如同一个陌生人，当用户第一次接触到一个产品时，首先接触到的往往是产品的外形、包装、宣传册、广告等视觉设计，用户会根据这些外在的视觉样式来判断该产品是否符合自己的需求。

所以，为了促进消费者的购买行为，厂家都会让“设计作品”的“样式”符合产品定位——“科技专业”“文化沉淀”“廉价亲和”“昂贵奢侈”“稳定高效”“年轻激情”等。例如，华为手机（图2-1）的广告设计呈现出“商务高效”的整体印象，惠普（图2-2）的广告设计呈现出“未来科技”的整体印象，李宁（图2-3）的广告设计则呈现出“青春激情”的整体印象。

接下来我们一起做个小练习——为大众Polo汽车设计宣传册封面，来帮助大家理解样式选择的重要性。首先，我们要明确产品定位和设计的主题，然后再来设想一下版式设计的各基本要素大致应该是什么样子，最后我们拿出官方的设计，对比一下是否符合我们对样式的设想。（图2-4）

大众Polo汽车的定位是“家庭第一辆车”，价格亲民、亲切有活力、品质有保障。根据这个定位，我们来设想一下Polo宣传册的设计，这个阶段不需要太多专业知识，只需要凭借日常印象进行判断。

图2-1　华为Mate 40系列广告

图2-2　惠普暗夜精灵广告

图2-3 李宁海报

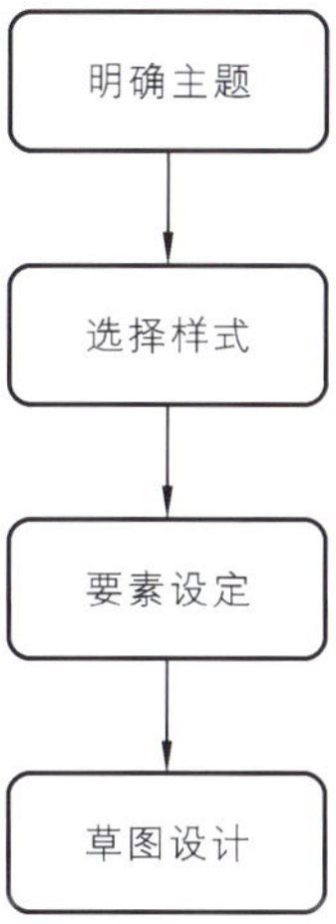

图2-4 样式定位步骤

首先，请问正方形、长方形、圆形、异形，你会选择哪个形体作为宣传册的外形呢？大家可能会先排除异形，因为形状没有规则，缺少亲和力；然后排除正方形，因为太过于规矩沉稳；再排除圆形，因为太过于可爱和低龄；最后选择长方形，而且最好是纵向的长方形，显得积极并且有变化。（图2-5）

接下来选择色彩。根据“亲切有活力”的定位，色彩应该是饱和跳跃的，但“品质有保障”的定位似乎又不允许色彩太过于跳跃和凌乱，那么我们试试这样设定：先找一个饱和度较高但明度又不太高的颜色作为版面的主体色，该色彩占据较大的版面；然后选用小面积的其他颜色作为点缀来提高画面的亲和力。（图2-6）

然后我们来确定文本的样式。“亲切有活力”和“品质有保障”的定位决定了字体不宜太卡通，卡通会显得低龄；也不宜用书法体，会显得太传统和保守；有衬角的宋体又过于精致。最终我们发现，无衬角的黑体比较适合，稳定、简洁、利落的样子大致上符合“品质感”的定位。至于亲切感，色彩就已经可以营造出来了。（图2-7）

最后，我们依据日常经验对空间样式进行设定。一般而言，版面空白稍微大一些的设计往往给我们带来“品质感”的印象，而较为拥挤的版面空间似乎带来的是“杂乱”“廉价”的印象。

至此，大家心里对大众Polo汽车宣传册的封面应该有一个大致的样式设定了。现在我们来揭晓大众官

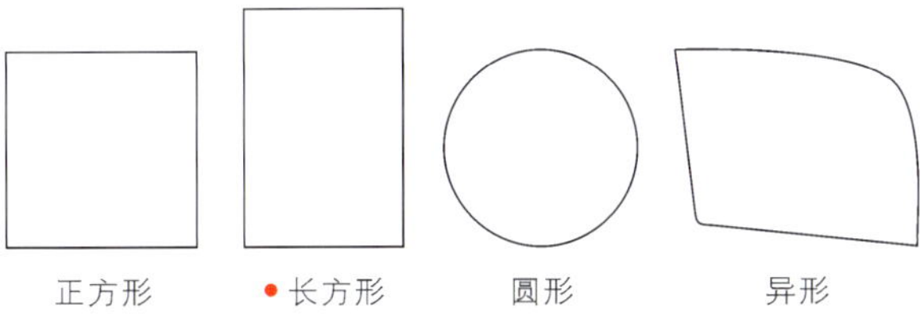

图2-5 宣传册外形选择

图2-6 宣传册颜色选择

图2-7 宣传册字体选择

方的宣传册（图2-8），是否符合你的期待呢？

我们会发现，官方宣传册的设计基本上是符合我们的预期设定的。这说明当我们明确样式后，对版面各个要素会自然形成一个“整体印象”，这种对样式的整体印象能够有效地指导设计师朝着符合产品定位的方向继续探索设计要素的细节设计。

接下来，我们再看一个汽车品牌的广告（图2-9、图2-10）。你对这个品牌的整体印象是怎样的呢？豪华奢侈会脱口而出吧？建议大家反过来推理一下，这种“豪华奢侈”的样式又是如何通过各个设计要素的设定而达到的？哪些因素又直接影响着样式？

总体而言，决定样式的主要因素有8个：

①视觉度；

②图版率；

③版面率；

④文字的跳跃率；

⑤图片的跳跃率；

⑥网格拘束程度；

⑦文本的构成方式；

⑧字体的印象。

一、视觉度

视觉度就是图文要素带来的视觉强弱程度。

图片中的主体越突出、色彩对比越强烈，其视觉度就越高。一般来说，摄影照片的视觉度比明快的插图视觉度要低（图2-11）。而摄影照片中，诸如云、海等风景照（图2-12、图2-13）的视觉度就更低。

当然，并不是说视觉度越高越好，寻找与样式相吻合的“度”才是最重要的。

我们可以通过一个实验帮助大家理解摄影图片中视觉度的一些规则。请大家花10秒钟看看图2-14，然后挪开图片。请大家回忆一下，你对哪些照片有印象呢？你可能会发现，那几张对比强烈的人物面部照片令你印象深刻，可是细节丰富、主题不突出的静物和风景就未必记得了。

我们来总结一下：

图2-8 大众Polo汽车宣传册封面

图2-9 凯迪拉克广告（1）

图2-10 凯迪拉克广告（2）

图2-11 照片和插图视觉度对比

图2-12 云海

图2-13 海边风景

图2-14 摄影中的视觉度规则

①一般来说，照片比插图的视觉度低，特别是内容单一、表现整体的风景照片，视觉度会更低。

②有图片的版面比没有图片的版面视觉度高（图2-15、图2-16）。

③照片中，视觉度由高至低常常是人物（动物）>静物>风景。

④视觉度越高，画面显得越有亲和力，越轻快，但也显得相对低廉；视觉度越低，画面显得格调高，但坚硬、冷漠。视觉度就像一把双刃剑，把握好“度”才是关键。

二、图版率

图版率是指图片在版面中所占的百分比。

若版面全是文字，图版率就是0；反之，被图片占满且没有文字的版面，图版率就是100%（图2-17）。小说、诗集等以文字为主的版面，图版率往往很低。而时尚杂志这类出版物其版面的图版率往往较高，容易吸引读者注意力。一般而言，通过提高图版率来增加视觉度有一定的效果；但要注意，当图片本身视觉度较低时，图片面积越大（图版率越高），反而可能会降低版面整体的视觉度，降低阅读者的阅读意愿。

三、版面率

版面上下左右都有一定面积的空白，叫作留白，也叫页边距。页边距内侧是配置图文的空间，叫作版心。相对于整个版面，版心所占面积的百分比叫作版面率。版面率越高，天头、地脚以及左右的空白就越少。

设计版面时，首先应该决定四周的空白量。空白量小（版心大），易于呈现丰富的信息；反之，空白量大（版心小），承载的信息量小，但易于表现品质感和高格调，同时会有冷漠感。（图2-18）

图2-15 无图照片的版面

图2-16 有图照片的版面

图版率20% 图版率100%

图2-17 杂志中的图版率

图2-18 不同版心的对比图

我们来比较图2-19这两张图。其中，右图是产品的原始广告。与左图相比，右图的空白量更大。尽管二者图文要素都一样，但更大的空白量（更小的版心）让画面显得格调更高，更有品质，不过亲切感降低了。左图空白量较小（版心更大），整体显得更生动，更有亲和力，信息量也更大，但相对于右图来说显得产品价格低廉一些。

不难发现，视觉度和图版率越高，画面越有活力和亲和力，但相对显得廉价；版面率越低（空白量越大），画面会显得越稳重，格调越高，但越有距离感。

总的来说，版面率就像一把双刃剑，不能一味地追求比率的高低，把握好“度”才是使用关键。

四、文字的跳跃率

以正文为基准，版面上最大标题的字号与正文字号的比就叫作文字的跳跃率。

如图2-20所示，左图中标题与正文之间的字号差异比右图中的要小很多，即左图的文字跳跃率较低。文字跳跃率不同，给阅读者带来的感受也会不同。文字跳跃率越低，越显得平静、沉着，有距离感，格调高。比如，诗集、画册、随笔、小说等往往采用低跳跃率塑造平静、高格调的样式。

文字跳跃率越高，越显热闹，有亲和力，信息丰富，且充满活力。促销广告、时尚杂志就是最典型的利用文字高跳跃率来凸显丰富信息的案例。

我们前面学习到的每一种影响样式的因素，都能在设计实践中指导我们做出基本的判断，比如要想让画面亲切有活力，我们可以尝试提高视觉度，选图时尽量选择视觉度高的插画；同时还可以适当增加图片，提高画面图版率。同样地，运用文字跳跃率的规律也能提高画面的亲和力与活力。当一个画面显得无趣或平淡时，提高文字跳跃率就可以快速为画面增添活力。当然，结合其他因素修改画面能更好地实现我

图2-19 倩碧产品广告

图2-20 文字跳跃率对比

们对样式的预期设定。

五、图片的跳跃率

文字的跳跃率是以正文为标准的，图片的跳跃率则是以最小图片作为标准，版面中最大图片与最小图片的面积之比称为图片跳跃率。

图片跳跃率与文字跳跃率的基本规律不同。不能单凭提高图片跳跃率来提高活力，因为图片本身所包含的信息也是决定因素。比如，表现静态的图片即使放大，也不能体现活力，而是更强调它的安静。如图2-21所示，左图中最大图片和最小图片的尺寸很接近，画面的图片跳跃率较低。而右图将其中一张图片放大，图片跳跃率变大，但是画面并没有因为图片跳跃率的极大变化而明显变得有活力。相反，因为最大图片是表现静态的内容，整个画面显得更为平静。

那么，调节图片跳跃率的目的是什么？

调节图片跳跃率的目的在于调整画面的跳跃起伏节奏，高跳跃率的画面，节奏感更强。另外，调节图片跳跃率还有一个重要的作用，就是协调格局。如图2-22所示，相对于右图，左图中照片尺寸差异小，图片跳跃率较低，画面呈现的视觉效果较稳定。也就是说，低跳跃率让画面更加稳定。设计时，如果希望画面看起来较为稳定、沉着，就可以考虑采用图片跳跃率较低、图片尺寸反差较小的版式。

六、网格的拘束程度

网格是版式设计的一种工具，即运用比例关系把版心划分为若干尺寸统一的区块（图2-23）。运用网格可使画面信息变得规整有序，但运用不当也可能会给版面带来呆板的负面影响。

我们常用“拘束与自由”来描述网格对于版面图文要素的拘束程度，也可以理解为“自由度”。“拘束与自由”的基本规律是：网格拘束程度越高，自由度越低，画面呈现理性、坚硬的视觉效果，给人稳重

图2-21　图片跳跃率对比图（1）

图2-22　图片跳跃率对比图（2）

图2-23　版式设计中的网格

的印象；反之，网格拘束程度越低，自由度越高，脱离网格，则有自由的感觉，容易制造有趣的版面，画面呈现舒畅自由、放松、感性的视觉效果。

七、文本的构成方式

文本是版式设计的基本要素之一，设计师在编排文本时，可对其字号、字体、构成方式、间距、色彩等属性进行调整，以便让文本的样式符合版面整体需要。这里我们要介绍的就是段落文本的构成方式，即段落文本的编排方式，是针对一段文本而言的。大家经常在Word文档处理软件中看到的“左对齐”“右对齐”“居中对齐”选项就是指段落文本的构成方式。

Photoshop图像处理软件中对于段落文本也有构成方式的选项，只是相对于Word来说，Photoshop、Adobe Illustrator（矢量图形处理软件）、Adobe InDesign（出版编排软件）等专业设计软件提供的段落文本的构成方式更丰富。

不管各种软件如何划分构成方式，总结起来无非是三种：齐行型、居中型、自由型。对于设计师来说，选择合适的才是最重要的。那我们以什么标准来选用这三种构成方式呢？

答案仍然是以样式为选择标准，这三种构成方式分别呈现三种不同的样式（图2-24）。

齐行型——齐行型是指段落文本两端都对齐的形式，包括两端对齐、左对齐、右对齐、顶对齐、底对齐五种形式。齐行型呈现出合理的、标准的、面向商业的视觉效果。

居中型——居中型包含横向居中和纵向居中两

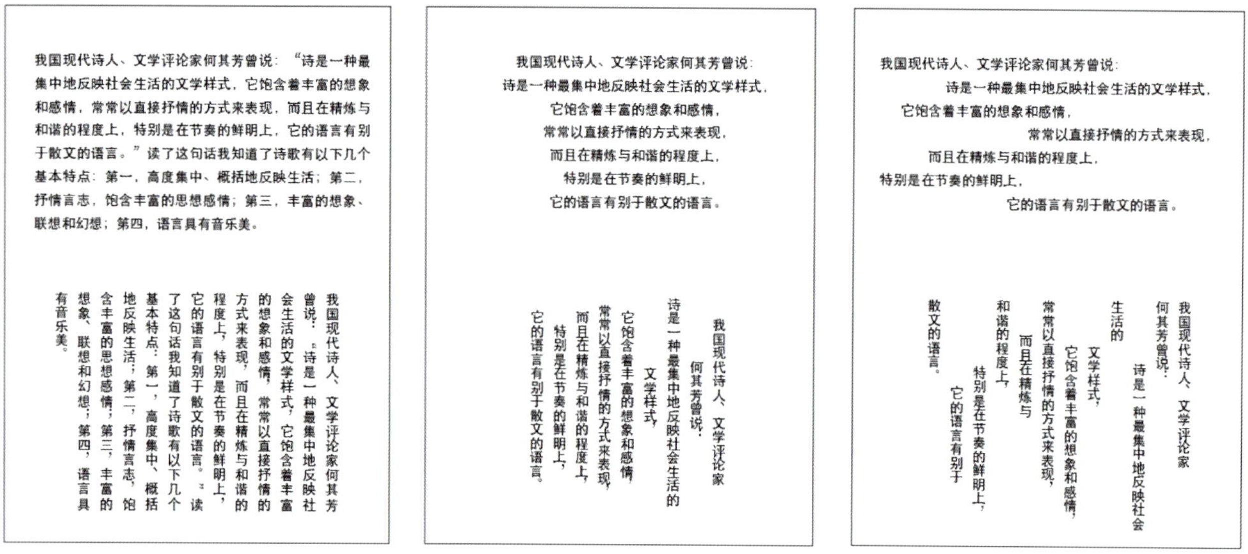

图2-24　齐行型、居中型、自由型

种，呈现出优雅的、高品质的、高格调的视觉效果。

自由型——呈现出自由的、随意的、有活力的视觉效果。

我们在生活中接触最多的是齐行型，特别是两端对齐，教科书、报纸、杂志等几乎都采用这种形式。这种构成方式的文章较易读，往往版面中文字量（信息量）一般也较大。设计版面时采用齐行型编排正文比较容易控制，即使非专业人士也能依据齐行型制作出稳定的版面。

而居中型和自由型的构成方式，常见于文字量较少、文字内容需要被重点识别的情况，比如我们常见的平面广告中的文案（图2-25）。另外，诗集、画册这类文学艺术作品，因为作品内容的情感表达需求，往往也会采用居中型或自由型的文本构成方式。需要注意的是，初学者不易掌握这类构成方式，使用不当容易让版面变得混乱。

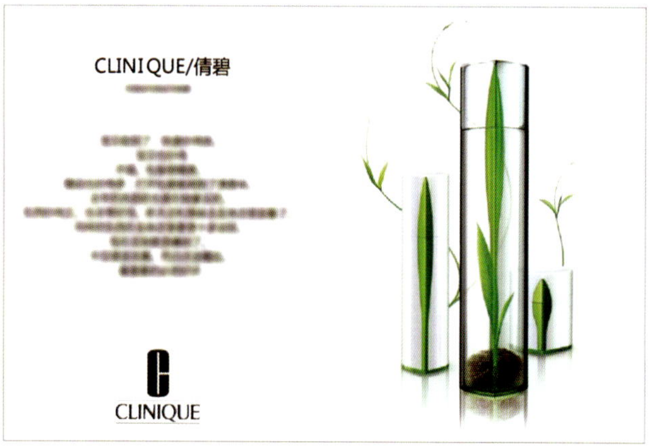

图2-25　倩碧广告

八、字体的印象

在进行版面设计之前，一般会先确定作品要传达的样式基调，然后再选择适合这个样式的字体。若字体呈现出和样式一致的基调，就会给人安定的感觉，使人能安心地接受这个信息。与照片、插图相比，文字虽然给人的印象往往较微弱，但是，注意观察就能发现文字样式中也蕴藏着丰富而微妙的信息。

前面讲“文本的构成方式”时介绍过，文本的字号、字体、构成方式、间距、色彩等可以调整，如果说段落文本的构成方式呈现的是文字的整体印象，那么字体就是文字的个性表达。

不同的字体呈现不同的“个性样式”，虽然每个人对字体产生的印象不尽相同，但大体上的感受仍会有相似性。比如，笔画横竖一样粗细的黑体，就给人一种“理性”“合理”“简洁”“高效”的印象。

横细竖粗、笔画首尾带衬角的宋体，是从书法体演变而来的，它给人一种“稳定的”“舒畅的”“有节奏感的”“精致的”印象。

字体的印象

书法体则保留着书写痕迹的变化，所以给人“不规则的”“传统的”“保守的”“有历史感的”印象。很多版式设计初学者觉得书法体富于变化，美观，因此偏好于使用书法体做标题甚至是正文的字体。可是要注意到，书法体本身还带有“传统”“保守”的印象，而且书法体自由洒脱的笔画形式很容易吸引视觉注意力，大量使用很容易造成版面视觉度很高，如果没有与其他版面要素协调好关系，随意使用书法体，很容易让版面显得突兀和混乱。

新潮变异体泛指个性明显、笔画自由、富于变化的新兴字体，这类字体给人“轻松的”“自由的”基本感受。如图2-26所示，这类字体视觉强度很高，很容易吸引人的眼球，所以这类字体往往用在标题中。

自从古登堡在1436—1455年发明金属活字印刷术后，数百种不同的字体被设计出来，并铸造成铅字。如今，电脑技术和摄影技术的发展给我们带来了更多可供选择的新字体，进一步壮大了字体家族，使设计师有大量的字体可选择。本教材为大家提供了国内外部分大型字库以作参考。

在设计实践中，正文大多使用以黑体和宋体为基础演变而来的家族字体，这是因为正文的信息层级关系很低，承担的主要任务是提供舒适的阅读体验，所以正文首选易于阅读、整体感强的字体。但就算同样是黑体或宋体家族字体，也会呈现出不同的视觉效果。我们将不同字体家族的宋体应用到同一个段落文本中，在保持段落文本字号、行距、字距、色彩一致的前提下，仔细观察对比，就会发现细微有趣的差异：有的段落文本很规整，每一个文字是点，每一行文字是线，点连接起来构成线，线组合起来构成面（段落文本就是由每一行文字构成的一个面，我们常常会将其整体地看作一个色块）；有的字体构成的段落文本整体颜色均匀，十分平整，显得雅致；有的字体构成的段落文本，总能看到字与字之间、行与行之间那些零碎的空白，或是单个文字形成的黑色墨点，显得零散；还有的段落文本较为紧凑，墨度稍重，有种紧张感。这些细微的差别往往被初学者忽视，但优秀的设计师会认真甚至苛刻地对待每一个可调整的元素，使其作品无懈可击。

那么同一种字体，如果使用不同的字重、字号、字距，会呈现不同的视觉感受吗？答案当然是肯定的。

我们通过对比一组名片，来看看字体的字重及字

图2-26 新潮变异体

号变化会带来何种视觉效果差异。如图2-27所示，越靠近顶部的名片字体越细，字重越轻，越靠近底部的字体越粗，字重越重。越靠近左边的字号越小，越靠近右边的字号越大。

图片左上角使用“细体”“小号”文字的名片能体现“时髦的、纤细的、精致的”主张，但很难体现“有精神”的形象。而图片右下角使用“粗体”“大号”文字的名片显得有自信、有活力，是力量的象征，但同时显得没那么精致和高端。

当我们在选择字体的样式（如字重、字号）时，其实是在选择一个合适“度”。比如，你想在版面中传递出品牌的雄厚实力，让消费者增强品牌信任感，选择字重较重的字体，虽然能体现力量感，但同时会降低品牌的格调，所以掌握“度”才是关键所在。我们在做设计时应该根据主题选择合适的“度”，这是一种需要长期实践、不断累积才能具备的能力，没有捷径可走。

前文中我们简单介绍了字体、字号、字重的变化所带来的不同心理感受。接下来我们探讨在版式设计过程中，不同行距、字距的段落文本又会带来什么样的视觉呈现和心理感受。

我们先明确两个概念：字距是指两个字符之间的间隔，行距是指从一行文字的底部到下一行文字底部的距离。

字库公司在发行一款字体时会优化该字体的字距、行距默认值，这些默认值往往都是针对字形和阅读体验而优化的。在版式设计过程中，设计师也会根据版面需求，对行距或字距进行调整。

给定一段文本，若保证字体、字号、文本内容相同，从上至下行距依次设置为12pt、18pt、24pt、30pt、36pt。大家会发现，不同行距的段落文本会呈现不同的灰度，行距为12pt的段落文本，形成的整体色块颜色最重，行距为36pt的段落文本形成的整体色块颜色最浅。行距为12pt的段落文本，因为行距太小，行与行之间的距离紧凑，我们很难去区分，阅读完一行后往往找不到下一行从哪里开始，阅读不顺畅。当行距变大时，我们能够很顺畅地浏览完一行

不同行距的文本

图2-27 不同字重、字号的名片

后继续浏览下一行，可以看到，行距从18pt开始，文本浏览变得顺畅起来。行距越大，行与行之间的空白空间越多，浏览越顺畅，阅读起来就不费力，会让人感觉到放松。字数相同的文本，行距越大，在面积相同的区域内呈现的信息量越少；反之，行距越小，在相同区域内呈现的信息越多，信息密度越大。不难发现，仅仅是行距的变化，就已经使我们产生了不同的心理感受。

我们可能会产生疑问：多大的行距阅读起来最舒适呢？应根据文本的内容，选择与之相对应的行距。年轻富有活力的文本内容，行距宜紧凑，富于变化；对于篇幅较大、内容较严肃的会议、新闻类文本，则应选择较为常规、易于阅读的行距，减少阅读障碍，给人稳定的心理感受；与艺术、文学相关的文本，则根据该文本内容呈现的情绪，匹配与之对应的行距。总而言之，把握“度”才是关键。

我们再看看另一个案例，同样的字体，同样的行距，但是字距不同，会有什么效果。当字距为20pt时，字与字之间联系紧密，文本段落形成一个颜色较深的整体色块，且呈现的信息量大，给人紧凑有力量的印象。字距为100pt时，原本紧凑的文本段落开始舒展，且“行”的概念开始淡化，整体感降低，单个文字呈现出的“点”的印象开始凸显。当字距变成200pt时，“点”的印象更加突出，“行”的概念又被削弱了许多；当字距达到300pt时，文本的阅读方向变得模糊不清，横向阅读和纵向阅读好像都可以，阅读顺序变得混乱，整段文本的可阅读性大大降低。

不同字距的文本

综上所述，任何版式设计要素都有其调整变化的范围。大家会发现，在我们提到的很多案例中，设计师的工作其实就是在这个范围中寻找合适的“度”。

通过讲解案例，大家会发现，原来不太注意的很多文本的小细节都蕴藏着丰富的表现力。急于通过添加装饰的手段来丰富版面的同学，不如先掌握好版式设计的基本要素，然后才有可能领悟到版式设计的精髓。

思考题

1.对比2011年网易首页改版前后的变化，是不是觉得改版后的网易首页更清晰、理性，有科技感，有效率，有信任感，更有品质呢？请用本章的知识点分析，网易是做了哪些调整带来了这样的变化。

网易首页

2.下列书籍的封面设计（图2-28、图2-29）中哪一个视觉度更高，请试着运用本章知识来谈谈你的看法。

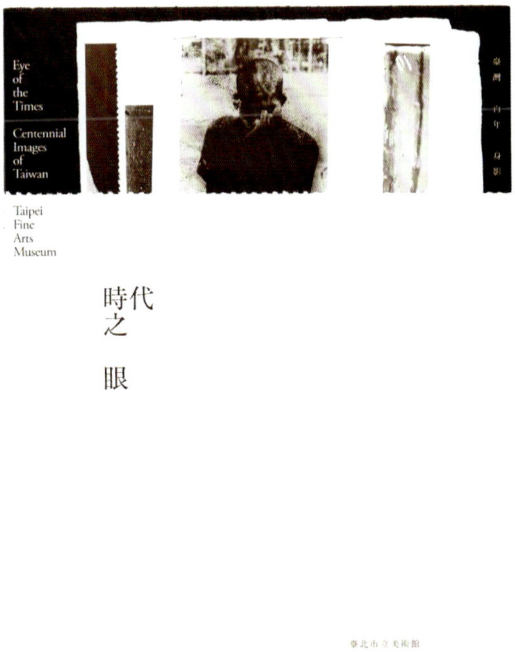

图2-28　图书封面（1）

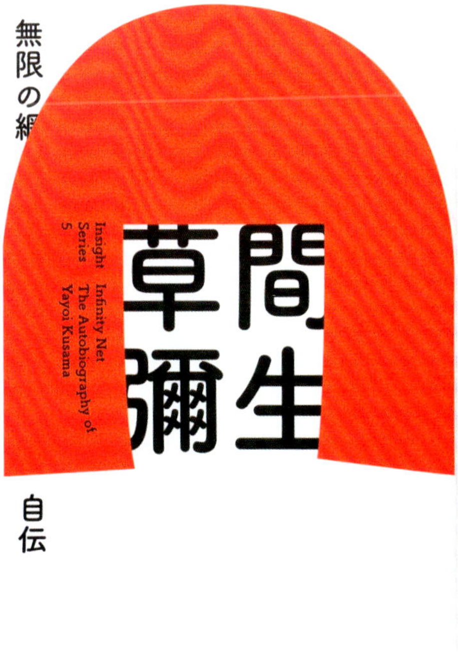

图2-29　图书封面（2）

第三章　调整形态

只有在适合的样式和平衡的形态结合之后，才能产生美观的版面设计。在依据主题选对样式之后，设计方向就基本确定了，设计师可以通过调整形态来进一步提升作品的完成度。

常见的调整形态的手段有明确主题、群组信息（组合化）、整理视觉流向、稳定版面等。下面我们通过一个案例来讲解调整形态的作用。

如图3-1所示，从步骤1到步骤2的变化，其实就是进行了“样式选择”的结果。设计师通过增加插图的方式提高了视觉度，通过提高文字跳跃率让主题信息变得更明确。与原稿比较，修改后的设计更直观，也更容易吸引阅读者注意力。

仔细比较步骤2和步骤3就会发现，步骤3对版面进行了再加工，强化了版面的视觉度和主题。步骤3通过改变两个文本段的文本构成方式（一个采用居中对齐、一个采用齐左对齐），让两个文本段形成了信息层级有差异的两个群组，方便阅读者快速识别。最后将二维码以外区域新增底色，让版面最底部的二维码区域得以被关注，调整了版面的视觉流向。

从步骤1到步骤2的变化是样式的变化，效果是明显的，从步骤2到步骤3的变化则是调整形态带来的改变。这个阶段的变化虽然是细节性的，容易被忽略，但是提升了整个作品的完成度，这也是有经验的设计师会反复斟酌的内容。

一、明确主题

“明确主题”是调整形态的常用方法之一，即强化版面中的主要信息、弱化次要信息。常见的方式有“弱化次要信息视觉度”“为主要信息提供更多空白空间”等。运用这些方式的前提是学会分析版面中的信息层级关系。

（一）弱化次要信息视觉度

名片是呈现个人企业归属以及个人信息的载体，其主题就是“个人信息”，也是版面中最重要的信息。如图3-2所示，左图的名片表现得过于有活力，白色花底纹虽然提高了名片的视觉度，渲染了艺术氛围，但也影响了个人信息的阅读，整体版面给人繁杂混乱的印象。右图是调整形态后的设计。首先，降低了明度的花底纹不但保留了艺术氛围（抑制视觉度），也与个人信息产生了视觉差异。放大字号的姓名和企业logo被填充了高饱和度的橙色，成为版面中视觉度最高的内容，突出了名片上最为重要的主题——个人信息。其次，右图还抑制了其他次要文字信息，将电话、网址、邮箱这类二级文本信息群组到

步骤1　步骤2　步骤3

图3-1　招聘海报

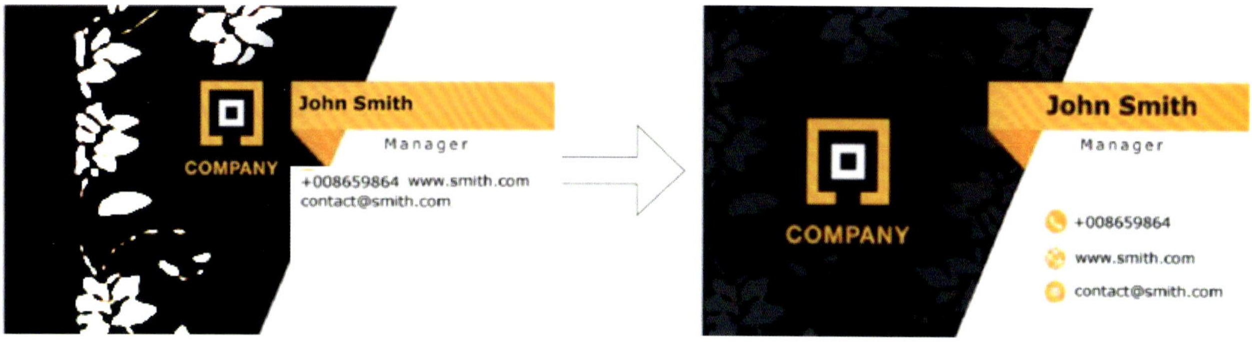

图3-2 名片

一起，缩小字号，加大行距，这些做法都让彩色填充的姓名和企业logo更加突出。这种明确主题的手段会改变版面信息混乱的局面，让版面主次清晰，增加了画面的安定感。

（二）为主要信息提供更多空白空间

图3-3所示是一则唇膏广告，在左图中，若设计师既想利用视觉度更高的人物图片吸引受众注意力，又希望受众能发现广告推销的唇膏产品，那么，仅将唇膏的图片放大，借此达到突出产品的目的，可能会得到相反的结果。在这个案例中，先要明确广告的主题是产品而不是人物，所以，版面中所有的信息都应该为产品服务。当放大的唇膏和人物所占版面的面积越接近时，唇膏和人物的视觉度就会越接近，这样做反而降低了人们对唇膏的注意力。

看看右图，适当缩小唇膏图片的面积，让唇膏周围留有更大的空白量，反而使唇膏获得更多的关注——这是因为大面积的空白往往能凸显其中的信息。

（三）分开主副信息，突出主要信息

如图3-4所示，版面中的主题信息是挂在绳子上飞舞的布料字母，副主题是其上下分布的文本信息。

图3-3 唇膏海报

图3-4 海报示例

左图中，上下文本信息和布料字母主题一样采用居中对齐的样式，使主副信息均位于版面中轴线上，抢夺了阅读者的注意力。右图中，上下文本信息分别改成了齐右和齐左对齐的样式，文本的视觉度有所降低（抑制副主题），版面中轴区域的空间留给了布料字母，版面主题得以强化。

（四）分开主副信息，激活主副信息的关系

如图3-5所示，左图是一本杂志的内页，大图片为主题，小图片作为副主题，文字包围着小图片形成了稳定的样式。而右图将作为副主题的小图片挪到了版面右上角，远离大图片。两张图片之间距离变大，大图片因右侧空间变成了文本区域而提高了视觉度，而小图片因为位移到版面边缘，视觉度降低了。主题视觉度变高，副主题视觉度变低，这种变化让版面主题变得更加突出。而且版面形成了一个由大至小的视觉流向，整个画面动感十足，受众会被由大至小的视觉流向影响，思考主副信息之间的关系，进而在兴趣

图3-5 杂志内页

驱使下自然流畅地阅读完版面中的所有内容，整个版面犹如被激活了一般变得生动。

（五）空白是主题的领地

如果大家仔细分析以上4个“明确主题”的方法就会发现，不论采用何种方式“抑制副主题”，实际上在采用这些方式后，主题信息周围的空白空间都增加了，而这种空白空间是让主题信息变得更突出的最直接原因——空白是主题的领地。空白对于塑造主题的作用简单且高效。

如图3-6所示，左侧的图片中，苹果电脑的图片非常醒目，英文文字的字号也较大，图文紧贴，体量相当而且间距较小，图片和文字相互削弱了视觉度。虽然两者都能被受众看到，但都不是“阅读”而只是“浏览”。当我们把文字缩小，拉开与图片的间距，文字和图片尺寸形成反差，文字周围留出大量的空白，图片和文字的关系反而被激活。

这时候，我们会留意图片，它吸引我们的注意力来看这则广告，但最终我们会被周围留有大量空白的文字所吸引，文字成为被阅读的对象。我们会思考图片与文字的关系，图片与文字都被重视，各显其能。

总而言之，在主题信息的周围留有较大的空白，更能有效地突出主题。在小型文字周围留出大量的空白，不但不会削弱阅读者对小型文字的注意力，反而能凸显它的地位。

二、群组让信息更清晰

群组，又称组合化，就是将同类信息组合到一起，让零碎的信息变得规整，同时简化版面整体信息层级关系，让阅读变得更轻松。

如图3-7所示，左图方框中有四个信息块A、B、C、D，依据其位置、尺寸、面积的差异形成了四个层级的信息。但是当我们把左图中的A和B靠近、C和D靠近，便形成了两个群组，两两组合就让版面中的信息层级变成了两个。一级信息是两个群组块，二级信息是每个群组块中分别包含的两个小信息块。群组简化了版面中的信息层级关系。

在日常生活中，我们经常会见到各类促销传单，传单上的商品比较多，商家希望让传单看起来很热

图3-6　MacBook

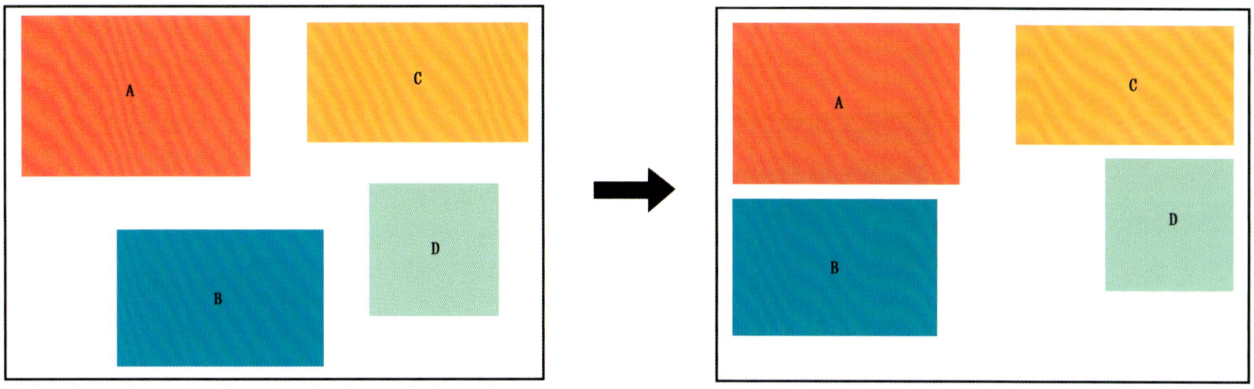

图3-7　群组示意图（1）

群组案例

闹，视觉度很高，吸引大家的关注。于是，设计师便在版面上添加很多装饰性图案，同时打破对齐关系，提高色彩对比度，增加图片跳跃率和文字跳跃率，甚至采用多种装饰性的字体作为标题字体。

这些想法和手段并没有错，都是在前面章节中提到的“样式选择”的手段。我们看到，只要样式选择对了，会带来明显的改变。但是，传单设计师错在一口气将所有的手段全部用上，这就好比一口气吃下很多种同类药品，其结果不是解决问题，而是适得其反，最终导致画面过于热闹，信息关系不清、杂乱不堪。

如果我们在设计传单时将同类信息规整到一起，不同类的信息之间也保留一定的空白间隙，画面就会显得更加规整。这种处理手段就叫作群组信息，也可以理解为组合化信息。群组信息降低了阅读者的学习成本，让阅读者在第一时间就可以很清晰地找到版面主题信息，找到自己要了解的信息。

群组信息不是只有利用空白间隙这一种方法，设计实践中往往是多种方式混合使用，比如通过色彩区隔也是一个让群组关系变得明确的手段。我们通过一个大家熟悉的案例——麦当劳的宣传单来了解一下。

该宣传单包含30多件商品、30多幅图、5000多字的文字说明，折扣方式复杂、内容繁多、信息量大。设计师首先用蓝、橙两个对比色将版面区分为两个大的信息块，对比色的应用预示着这是一对关系平行的信息区块，版面迅速从30个商品、5000多字的文字信息简化为两大类信息。接下来，设计师将两大区块划分为若干小区块，以一个产品为单位，将与该产品相关的5个信息（价格、名称、折扣方式、折扣详情、商品图片）归类到小区块中，每个小区块采用相同的样式编排图文信息，这时阅读者就能很快找到适合自己的商品。

在这个案例中，设计者使用了多种手段群组信息。面对大容量信息时，除了常用的这些手段外，设计师还在不断寻找新的方式去简化信息。

在酒店宣传单中，大量的信息却给人井井有条的舒适感，顾客第一眼看到这个宣传单时，很快便能接收到第一级信息——有6家不同酒店，这6家酒店属于平行关系；进而，顾客会选择感兴趣的酒店继续阅读第二级信息——该酒店具体的环境、设施、折扣信息。在顾客进行分级阅读时，其他酒店信息并不会影响阅读。

大家可以尝试分析一下，设计师用了哪些方式去建立6个平行关系的认知？除了依靠“色彩”和“空白间隔”，还用了哪些方式让阅读者快速地判定这6个色彩区块是平行关系？为什么6个色块的面积不完全相等，但阅读者仍然认为它们是平行关系呢？

很多去过迪士尼乐园的朋友应该会发现，迪士尼乐园提供给游客的导览地图同样也采用了群组的手段来简化信息层级。

群组过程中还需要注意，不要让阅读者产生困惑。群组的目的是简化信息层级，不要让信息关系模棱两可。

最容易出现模糊关系的就是行与行、照片和说明文字之间。如图3-8所示，左图确实通过加粗小标题的手段进行了信息群组，但是小标题与前段群组正文的间距太小，容易让人产生困惑：每个小标题下方是一个群组块吗？还是说那不是小标题，而是一大段正文中加粗显示的某几句话而已？这种模糊不清的感受会影响阅读的舒适性，而且容易造成阅读者对版面信息的错误判断。右图是强化了群组关系后的结果，在每个标题与上一个信息块之间的间距加大，同时将小标题字号变大，版面马上变得清晰工整了，群组的作用也得到了强化。

接下来看看文字和图片之间群组关系模糊的案例。

如图3-9所示，左图版面中确实形成了多个信息群组区块，但是版面右侧竖向的几个小标题并没有和左侧信息块对齐，版面给人一种不稳定的感受，阅读者会犹豫该如何判断右侧标题信息和左侧图文信息的关系。右图是调整后的结果，将右侧标题与左侧图文对齐排版，这样的调整强化了左侧图文的群组关系，阅读者变得不再犹豫。

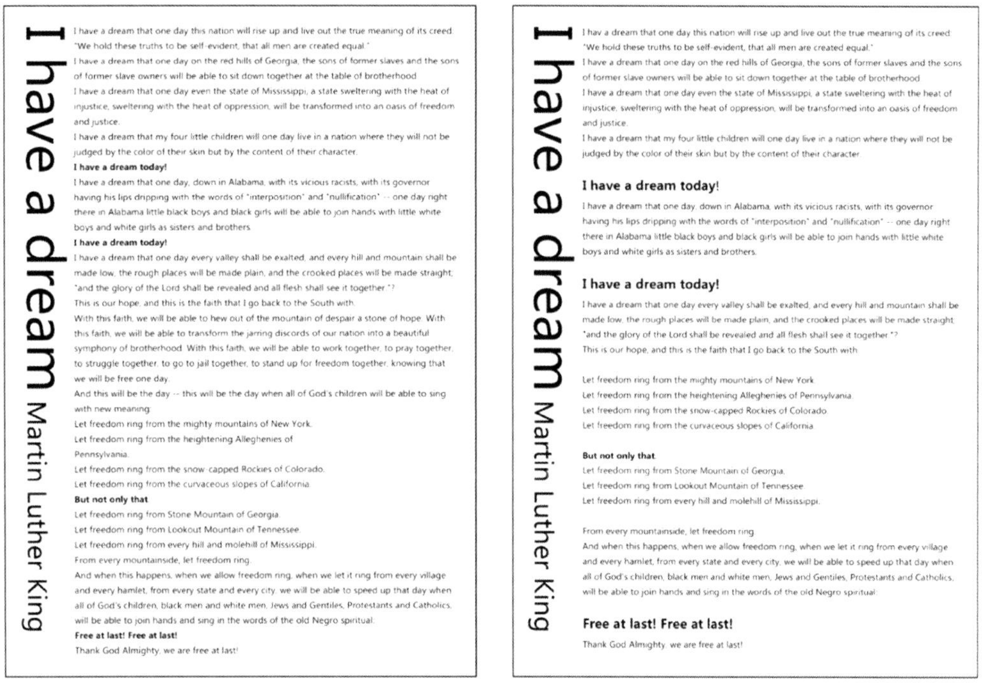

图3-8 群组示意图（2）

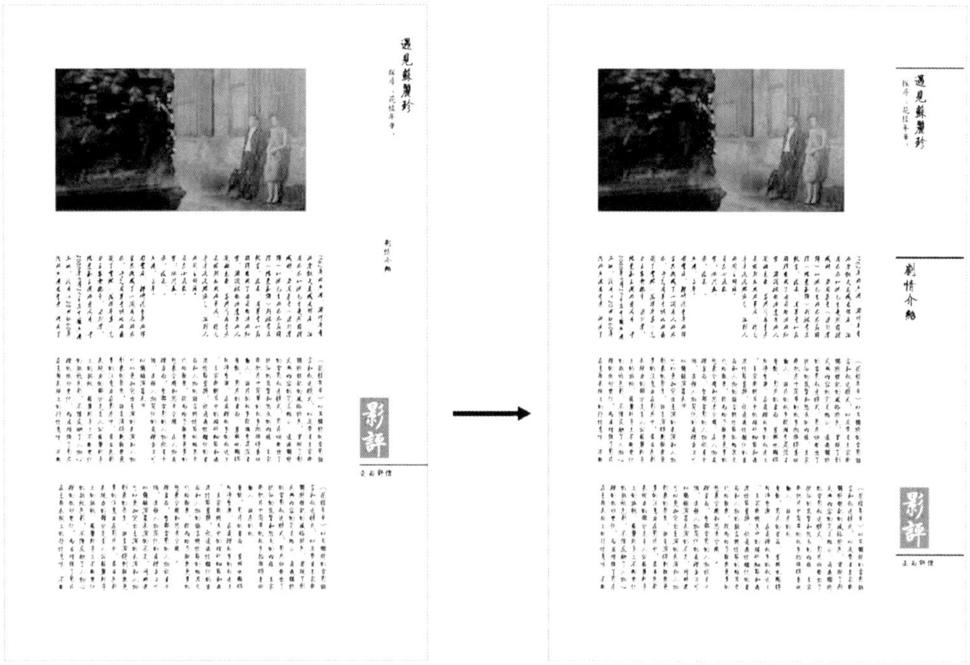

图3-9 群组示意图（3）

三、整理视觉流向

阅读者在浏览版面的时候，眼睛的视线受到画面内容的吸引，总是会产生一个个视觉关注点，将这些视觉关注点按先后顺序连起来，就形成了所谓的“视觉流向”。

视觉流向还需要整理吗？其实，设计师在开展版式设计工作时，都会考虑整体版面的视觉流向问题，会通过各种设计手段引导阅读者视线，让阅读者有序浏览版面中的各级信息。设计师会依据信息的主次关系，借助版面空间位置带来的自然的视觉流向构建整体版面的视觉流向。

如图3-10所示，左图中主副信息的视觉流向是横向的，而插图的视觉流向是纵向的，两个视觉流向相悖，画面阅读起来不是很流畅。这里有两种不同的视觉流向整理方案：第一种方案如右上图所示，加强

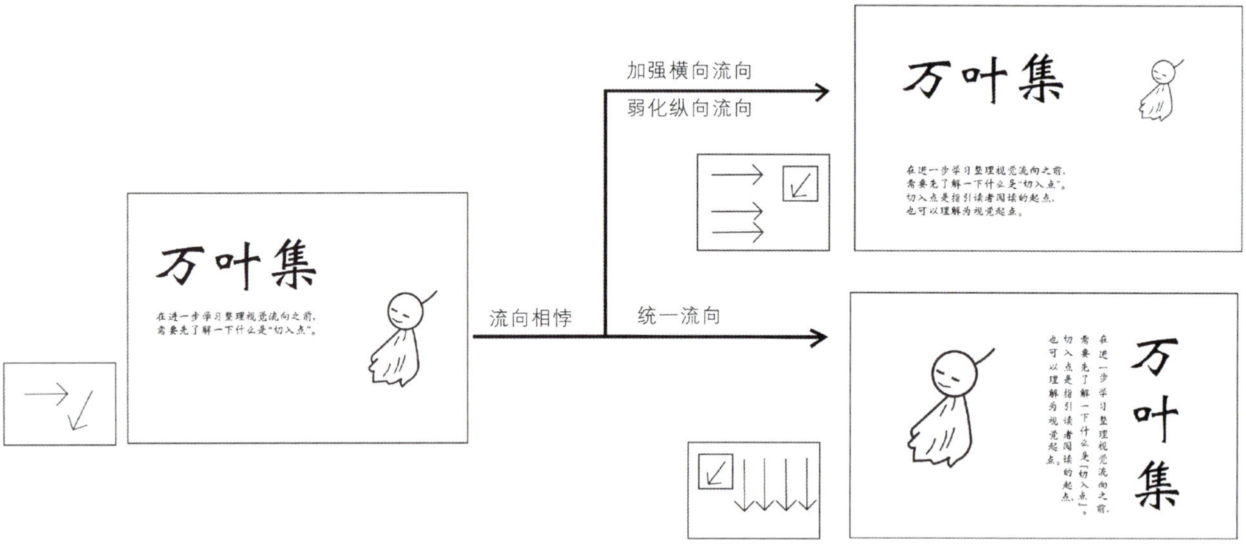

图3-10 视觉流向示意图

了文字的横向流向，缩小插图，减弱了纵向流向；第二种方案如右下图所示，文字和插图都统一成纵向流向，整体版面的流向得到统一。这两种视觉流向的整理方案无所谓好坏，选择哪一个就要看画面主题的需要了。

在进一步学习整理视觉流向之前，需要先了解一下什么是切入点。

切入点是指引读者阅读的起点，也可以理解为视觉起点。例如，报纸上大量的新闻一般会被划分为多个群组块，如图3-11所示，巨大的数字“7”最为醒目，在版面中形成了阅读的起点，也就是“切入点”。报纸上的标题通常要比正文的字号大不少，这些标题和切入点一起构成了阅读的流向。除了文字的跳跃率，也经常利用空白、颜色差异、图片的视觉度等来设计切入点、整理视觉流向。

再看看某网站的首页（图3-12），该网站的logo周围留有大量的空白，使网站的logo成了网页的视觉切入点，每一次打开页面，都让浏览者加深一次对该品牌的记忆，浏览者的视线从切入点开始会再移动到导航、图片、标题上，从而形成视觉流向。放置切入点可以在页面或者网页上产生戏剧性的视觉效果，也可以引导阅读者舒适地阅读。

视觉流向是否遵循某种特定的规则呢？答案是没有绝对的规则，因为受众的差异性，包括年龄、喜

图3-11 报纸

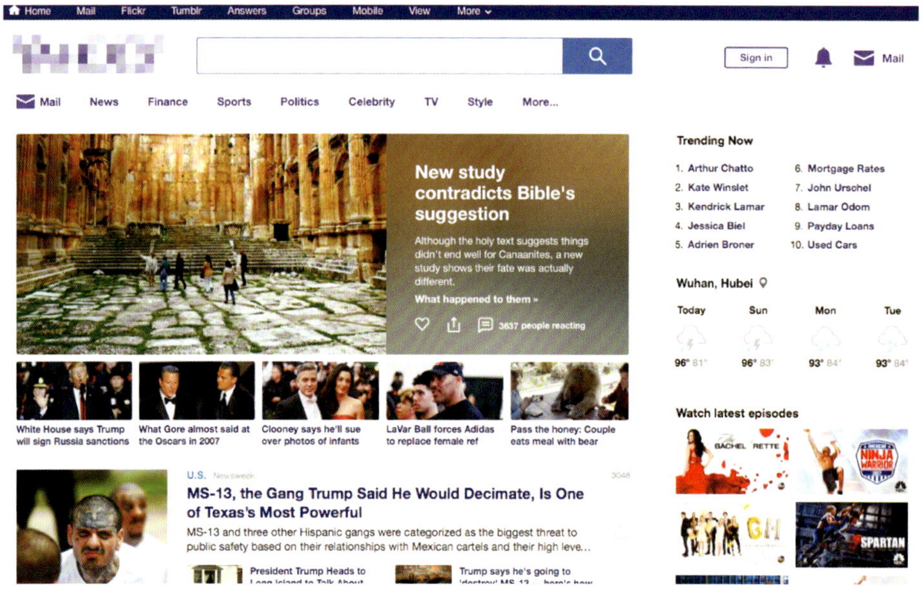

图3-12 新闻网站

好、受教育程度等方面，都会影响受众阅读版面时的视觉流向。但是，有一个潜在的行为准则可以帮助我们理解视觉流向。

图3-13所示为常见的视觉流向示意图。一般来说，读者会从左上角开始阅读，然后呈发散状往右和往下延伸视线；或者读者会随意浏览一个方格中的内容，如从第一行第二个方格开始阅读，沿着蓝色的线条，依次浏览不同位置方格的内容，并于页面的右上角结束浏览。

这个示意图可以帮助设计师正确放置重要的信息。把页面分成一系列的方格，可以很清晰地看到，一些方格中的内容会比其他方格中的内容更活跃，更容易被阅读到。

我们来看一个实际案例。图3-14为寿司店的海报，设计师将店名放在了版面左上方，小小的红色色块同大面积的黑色背景形成强烈对比，重点信息突出，形成切入点。整个视线会从左上角的红色区域开始往下、往右延伸，直至画面底部右下角的圆形图标结束。版面右边的照片是被“浏览”的内容，而左边的文字更易于被“阅读”。

了解切入点之后，我们还需要了解“视觉集中点”。

视觉集中点是一个版面的焦点所在，设计师往往会营造出视觉集中点，并依据视觉流向，在视觉流向的线路上安排主副信息。了解视觉集中点的种类及伴随的视觉流向，有利于设计师进行版面布局。

大体来说，“视觉集中点”有五种：中心以上、正中央、中心柱状、左上方、右上方（图3-15）。文字横写的情况下视觉集中点常位于左上方，纵写的时候常位于右上方。

（一）中心以上视觉集中点

视觉集中点在中心上部的排版中，视线往往先在视觉集中点的左右两侧移动，因此，可在左右放置主打商品，依次再放置小图片等。虽然设计师都会设法

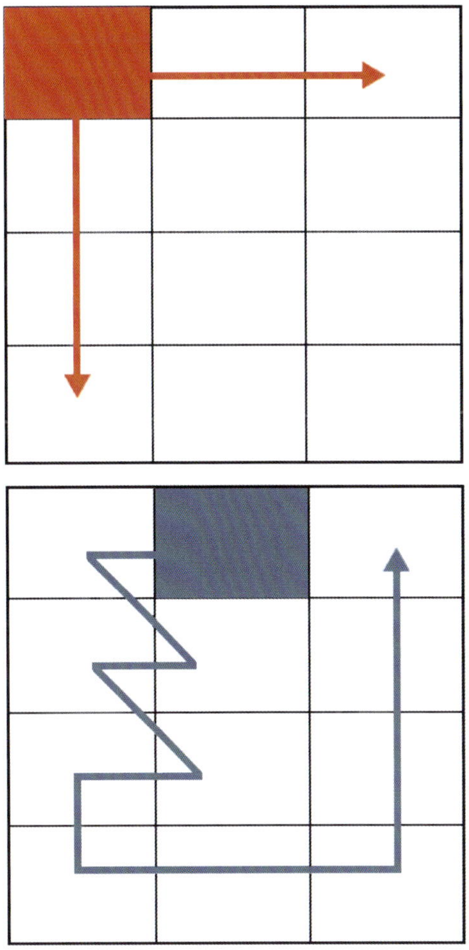

图3-13 常见的视觉流向

图3-14 视觉流向示意海报

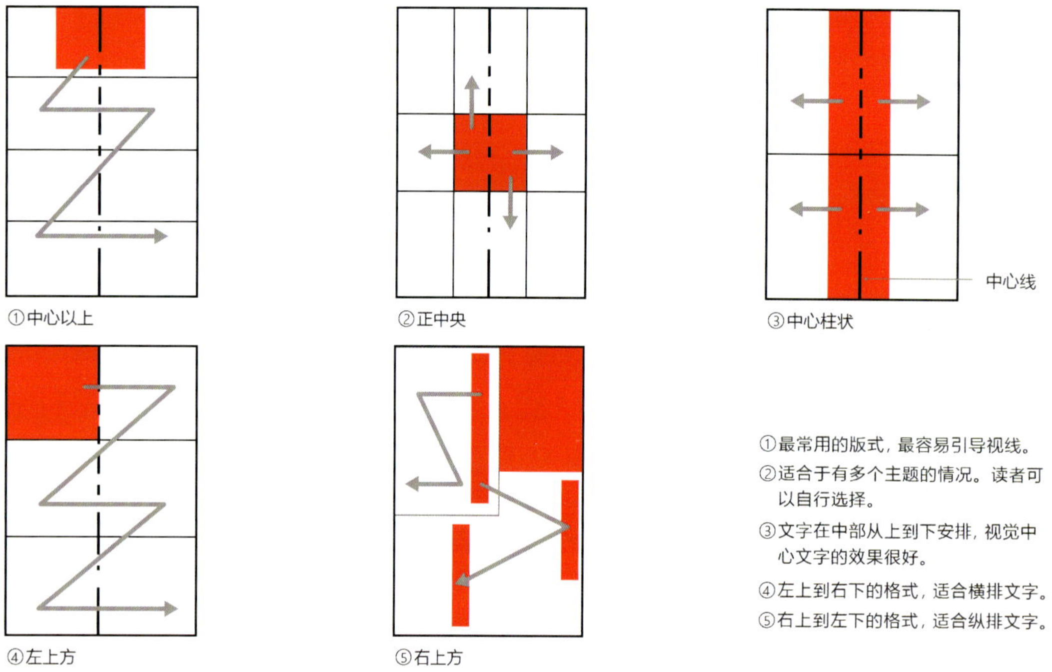

图3-15 视觉集中点的类型

让人阅读版面中的全部内容，但是事实上，几乎所有的人都只会阅读版面上的一部分内容，没有阅读的部分叫作阴影区。了解视觉集中点的一个重要目的就是减少阴影区。图3-16所示为将重点置于中心上部时视线移动示意图。

我们来看一个实例。图3-17所示版面中心上部的文字“美味是前菜，营养是正餐”是最容易被人阅读到的信息，也就是我们前面所说的视觉集中点，其他信息围绕主打商品展开排列，形成有序的视觉流向。

（二）正中央视觉集中点

画面正中央是给人安定感受的位置，新产品发布的时候，发布者往往将新产品置于广告版面的正中

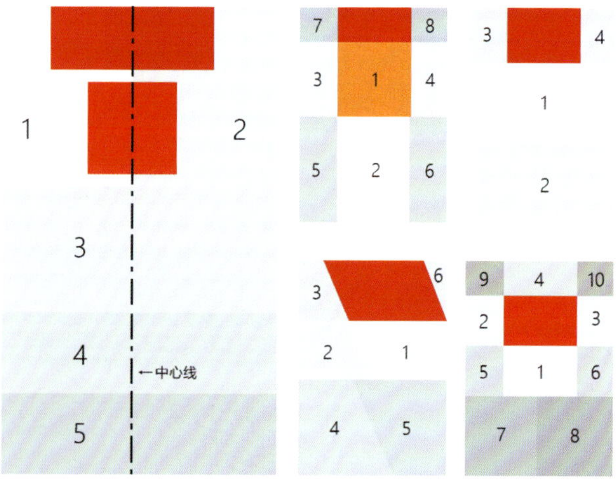

图3-16 将重点置于中心上部时视线的移动

图3-17 中心以上视觉集中点示意海报

央，用来吸引人们的注意力。当正中央成为视觉集中点的时候，如果这个集中点过于强势，很可能人们的视线就无法从这里移开去关注周围的信息了。因此，以正中央为视觉集中点时最好在集中点左右安排次要信息，稍微弱化集中点。这时，视觉流向往往会围绕视觉集中点向外旋转。图3-18为将重点置于正中央时视线移动示意图。图3-19为正中央视觉集中点示意海报。

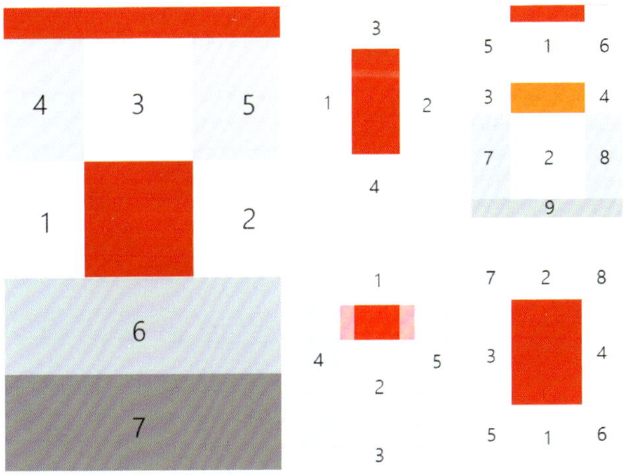

图3-18　将重点置于正中央时视线的移动

图3-19　正中央视觉集中点示意海报

（三）中心柱状视觉集中点

中心柱状是贯通天地的形状，给人以无限延伸、充满希望的感受，含有神圣的意味，非常适合有纪念意义的内容。因为这种版式以中轴线为界分为左右两个部分，所以有时也缺乏统一感。如果在此放置视觉中心文字，左边往往会成为视觉优先区域。图3-20为将重点置于中心柱状区域时视线移动示意图。

很多传单都使用这种将重点如同置于天地之间的版式，很醒目。一般而言，这种版式比较适合表现传统的东西。其柱状越宽，越能给人安定感。如图3-21

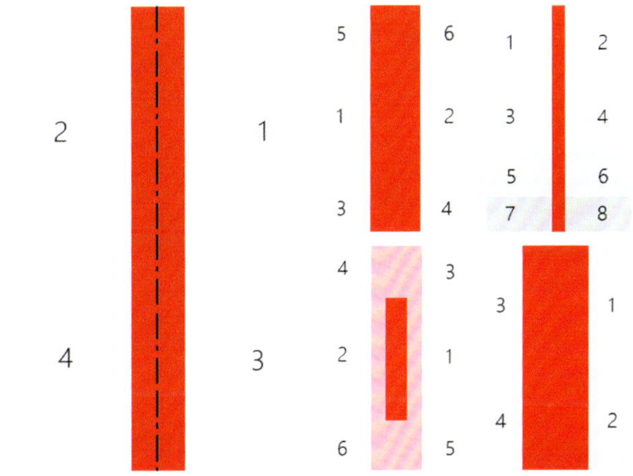

图3-20　将重点放在中心柱状区域时视线的移动

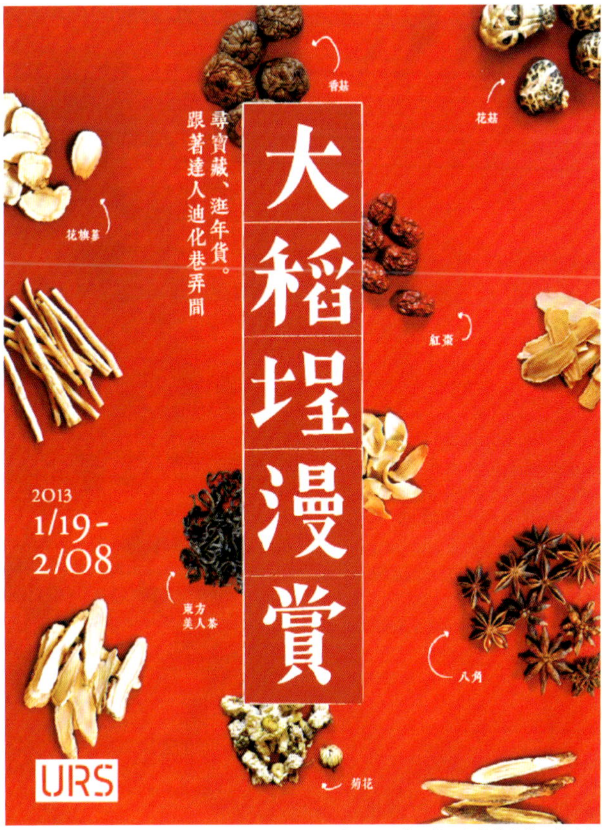

图3-21　中心柱状视觉集中点示意海报

所示，文字标题处于版面中心，整个版面稳定，容易让人产生信赖感。

（四）左上方视觉集中点

无论是竖排还是横排，没有优劣之分。如图3-22所示，一般而言，当视觉集中点呈现竖长形状的时候，人们的目光是从上至下移动的。这是因为视觉中心文字的纵向分布对全体产生了影响。

如图3-23所示，如果内容从左上方开始，那么一般在右下方结束。最好是在右下方放置能够吸引目光的内容，达到视觉平衡。

（五）右上方视觉集中点

在右上角放置重点，特别是视觉集中点在右侧纵向分布时，会使阅读者产生强烈的行为驱动力。这种行为就是翻页。的确，很多传单正反均有信息，正面往往是主题信息，引人注目，背面则是比较复杂的产品详情。如果视觉集中点在传单正面右侧纵向分布，则阅读者容易被驱使而产生翻页动作，进而浏览详细信息。

图3-24为将重点置于右上方时视线移动示意图。图3-25中右上方的文字区域是整个版面的视觉集中点，容易给人留下印象，整个版面营造出舒适流畅的氛围。

通过以上学习，我们可以更好地利用切入点、视觉集中点、视觉流向来创造更具吸引力的版面，同时有目的地引导阅读者的视线。

四、稳定版面

设计师可以通过“抑制四角”和“利用版心线”等方法来稳定版面，从而创作出更完美的作品。

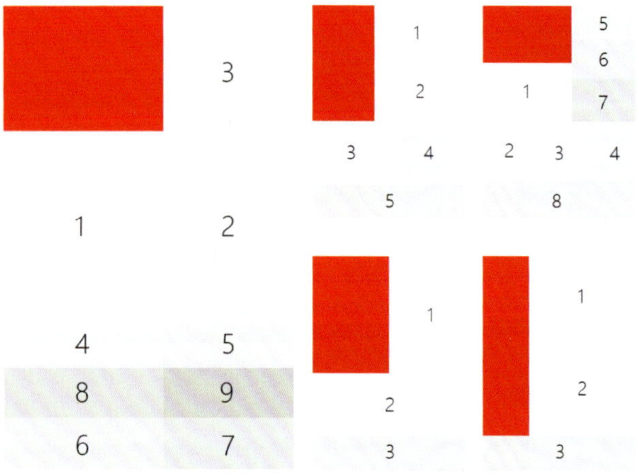

图3-22　将重点置于左上方时视线的移动

（一）抑制四角

一个版面，中心往往是其焦点所在，而四角则经常被忽视。其实，四个角落也是版面中的重要区域。只要在四个角落配置较小的版面元素，如文字、图

图3-23　左上方视觉集中点示意海报

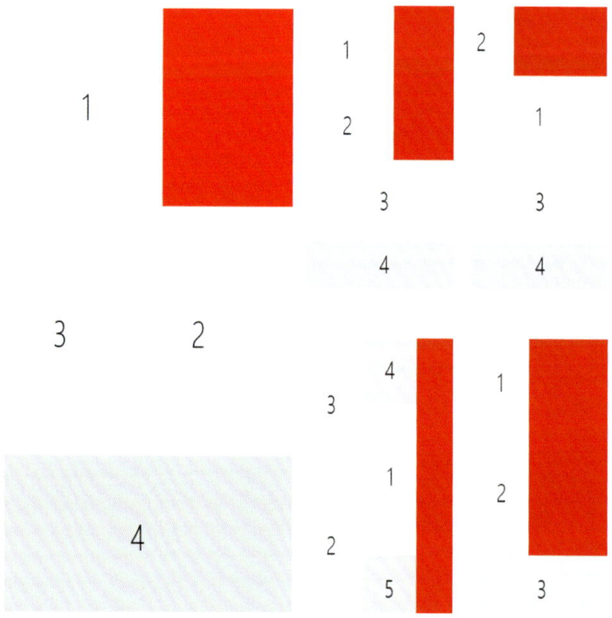

图3-24　将重点放在右上方时视线的移动

片，就能使版面整体显得安定。如图3-26所示，在左图中，版面中心有较大的图形，版面比较稳定，但是四周的文字排版较为自由、跳跃，所以整个版面仍然会给人不安定的感觉。如果我们对画面进行适当调整，将原本自由的文本放置于版面的四个角落，就会发现画面突然变得很稳定。

版面就像一个无形的框架，当我们在版面四个角落放置一些内容，如图片、文字、图标，甚至是一个无意义的色块，都会撑起这个版面的框架，使框架中的内容得以有空间去展示。我们经常会在优秀版式设计案例中看到抑制角落的处理。必须强调的是，四个角落不一定都要放置内容，根据主题的需要，可以自由选择抑制的数量或抑制时采用的元素。（图3-27）

（二）利用版心线

版心线是版面隐藏的基准线。图3-28中灰色方块的四条边就是版心线。

利用版心线就是依照版面隐藏的版心线放置图文要素，可以轻松稳定版面。如图3-29所示，左图的版面设计无视版心线，版

图3-25　右上方视觉集中点示意海报

图3-26　抑制四角示意海报

图3-27　优秀版式设计

图3-28　版心线

面整体看起来平衡感较差，给人不安定的印象；右图则将图片和文字要素对齐于版心线，沿版心线放置图文，于是我们可以隐约看到左右版面四周有一条隐藏的线将图文要素“框”住，画面中的要素布局变得有序，画面变得平稳安定。

当设计师确定版面大小后，先要画的就是版心线。版心线在后期印刷时并不会被印制出来，但版心线就像是一条基线，让各个要素有章可循。无视版心线就很难保持版面平衡。

思考题

请扫二维码欣赏优秀版式设计案例，你能发现这些版式设计案例中隐藏的版心线在哪里吗？请注意，不一定每一边的版心线都会放置图文。

优秀版式设计

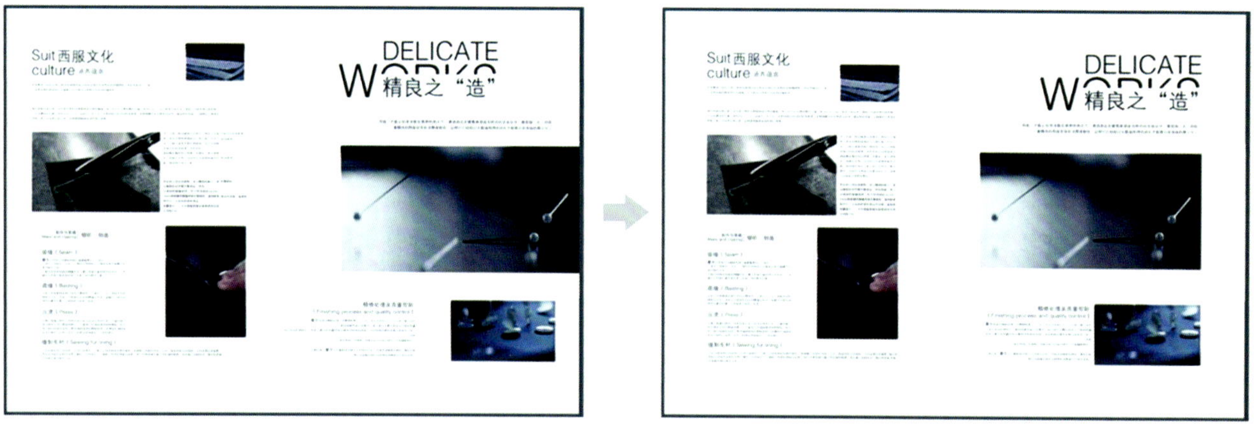

图3-29　版心线示意图

第四章 拼贴练习

一、作业要求

版式设计无非就是对视觉要素进行编排组合，不同的视觉要素、不同的构成方式都会带来完全不同的视觉效果。本章我们通过一个练习来实际感受一下不同视觉要素的编排效果。这个练习是在中央美术学院第五工作室导师简善梅[①]（Amy Gendler）教授的Editorial Design课程上接触到的，当时印象颇深，所以带入课程教学中，教学效果明显。

这个练习不需要使用任何软件，我们要做的就是从旧杂志中剪切出不同风格的标题、正文、图片待用，然后从剪切出来的内容中选择一定数量的要素，在边长为21cm的正方形白纸上组合编排，通过挑选合适的要素，调整要素之间的位置，让整个版面呈现预定的视觉效果。

有的同学可能会问：现在不都是用软件做版式设计吗，为什么还要用原始的手工方式做作业？那是因为很多初学版式设计的同学在做设计实践的时候，常常花很多功夫研究“如何做特殊的字体效果”“如何做炫酷的图片效果”等形态调整的问题，而忽略了真正要花时间思考的样式选择问题，如信息层级关系是怎样的、要素放在哪个位置更协调、如何让各种要素平衡协调、如何让画面产生动感等。

通过剪切能很容易获取已经设计好的基本要素，学生要做的就是先思考“我需要什么样式的素材？”然后问自己“我该裁哪个标题、哪张图片？”“裁这张图片的哪个部分更合适？”在问答过程中，同学们会集中注意力思考，这些问题的答案也会更加直观明了。

我们需要准备的材料如下：若干本风格不同的旧杂志、一支铅笔、一把剪刀、双面胶、若干张边长为21cm的正方形白纸；另外，再用白卡纸制作两个边长分别为5cm和10cm的正方形取景框，用来框选我们需要的要素（图4-1）。

二、作业步骤

整个练习步骤如下：

图4-1 取景框

① 简善梅（Amy Gendler），中央美术学院设计学院教授、第五工作室导师，AIGA中国创始人。

（一）选择杂志

选择一本杂志，在杂志中选择风格各异的标题、正文、图片，准备裁切。

（二）准备素材

分别将边长为5cm和10cm的正方形取景框放置于待裁切的标题、正文、图片上，移动取景框，裁切出风格各异的新的标题、正文、图片。在这个阶段，你就像一个魔术师，将你剧团中的每个团员变得形象特征鲜明，风格迥异。

这一步需要注意的是：裁切出来的图文要素要尽可能主体单纯、特征明确。这里提到的“单纯”是指这个要素呈现出来的视觉特征明确，使人能够一眼看出来这是文本信息或是图片信息。

裁切出来的图文要素本身不要出现模糊不清的混乱问题，不要让人弄不清主体到底是图片还是文字。

这么做是因为你就像一个导演，而边长为21cm的正方形白纸就是舞台，各种要素就是演员。当导演确定了剧目的主题基调后，就会开始针对角色特征挑选演员；而自身特点突出的演员往往便于导演判断其适合哪个角色，也能让导演专心把控整个剧目，而不再分心纠结于演员的选择是否正确。

有一个简单的方法可以判断要素是否主体单纯、特征明确：你可以试试将裁切的画面从你的视线中挪开，然后问问自己，刚才那个画面给你印象最深的是什么。答案如果是很果断的、明确的，如“有趣的构图”“女性曲线美”“共享阅读时光”（图4-2），那么恭喜你，这张图可考虑留用。反之，如果你的回答只是很模糊地描述画面细节，如“画面中有一个人对着镜头笑，但记不清内容”“好像有个红色的东西拉着一个什么物体”“有一双腿，好像有个数字”，那就说明这张图整体印象不够明确（图4-3）。如果画面中出现了多个焦点，那这类画面最好不要留用，因为它自身的模糊性会让整个拼贴作品变得更加模糊。

图4-2　主体单纯、特征明确的画面

图4-3　焦点较多、特征模糊的画面

我们不停地强调裁切出来的标题、图片、正文要尽量单纯，这样做的目的是，在拼贴时便于掌控整体效果。实际上，在设计实践中，对待标题、图片、正文这类基本要素也是一样的道理，应尽可能让单一要素自身单纯，以便设计师更加自如地把控整体画面。

（三）单一要素拼贴练习

准备好素材之后，我们就要开展单一要素（标题、正文或图片）的组合练习。先在版面中进行一个要素的布局，进而从一个增加至两个、三个、四个。具体要求如表4-1所示。在这一步需要注意的是：

（1）要素不要重叠、倾斜。

（2）要注意视觉要素之间的层级关系。

（3）要注意要素之间的紧张、灰度、方向性、平衡、质地等关系。

在拼贴过程中很难照顾到各个方面，选择加入何种样式的方块会对最终效果产生很大影响。不要过分在意哪种结果最好，重要的是在拼贴过程中去体会不同样式的方块所带来的改变，通过对比去发现问题和规律。

（四）不同要素拼贴练习

经过上一阶段单一要素的拼贴练习后，同学们可尝试在同一版面中进行不同要素的布局练习，体会不同要素之间的视觉差异，学习如何围绕主题基调拼贴要素。具体要求如表4-2所示。

三、优秀作业展示

我们从历届学生作业中选取了一些优秀拼贴作业（图4-4至图4-10），这些看似简单的拼贴作业，体现了学生对图片、文本、色彩、空间等的独特理解和巧妙运用。

表4-1　单一要素的数量及尺寸要求　　单位：cm

内容	数量及尺寸			
	1张	2张	3张	4张
标题	5×5	5×5（1张） 10×10（1张）	5×5（2张） 10×10（1张）	任选尺寸搭配，但要素总数为4张
正文	5×5	5×5（1张） 10×10（1张）	5×5（2张） 10×10（1张）	任选尺寸搭配，但要素总数为4张
图片	—	5×5（1张） 10×10（1张）	5×5（2张） 10×10（1张）	任选尺寸搭配，但要素总数为4张

表4-2　组合要素的数量及尺寸要求　　单位：cm

内容	数量及尺寸		
	2张	3张	4张
标题和正文	5×5（1张，任选内容） 10×10（1张，任选内容）	5×5（2张，任选内容） 10×10（1张，任选内容）	任选尺寸搭配，但要素总数为4张
标题和图片	5×5（1张，任选内容） 10×10（1张，任选内容）	5×5（2张，任选内容） 10×10（1张，任选内容）	任选尺寸搭配，但要素总数为4张
正文和图片	5×5（1张，任选内容） 10×10（1张，任选内容）	5×5（2张，任选内容） 10×10（1张，任选内容）	任选尺寸搭配，但要素总数为4张
标题、正文和图片	—	5×5（2张，任选内容） 10×10（1张，任选内容）	任选尺寸搭配，但要素总数为4张

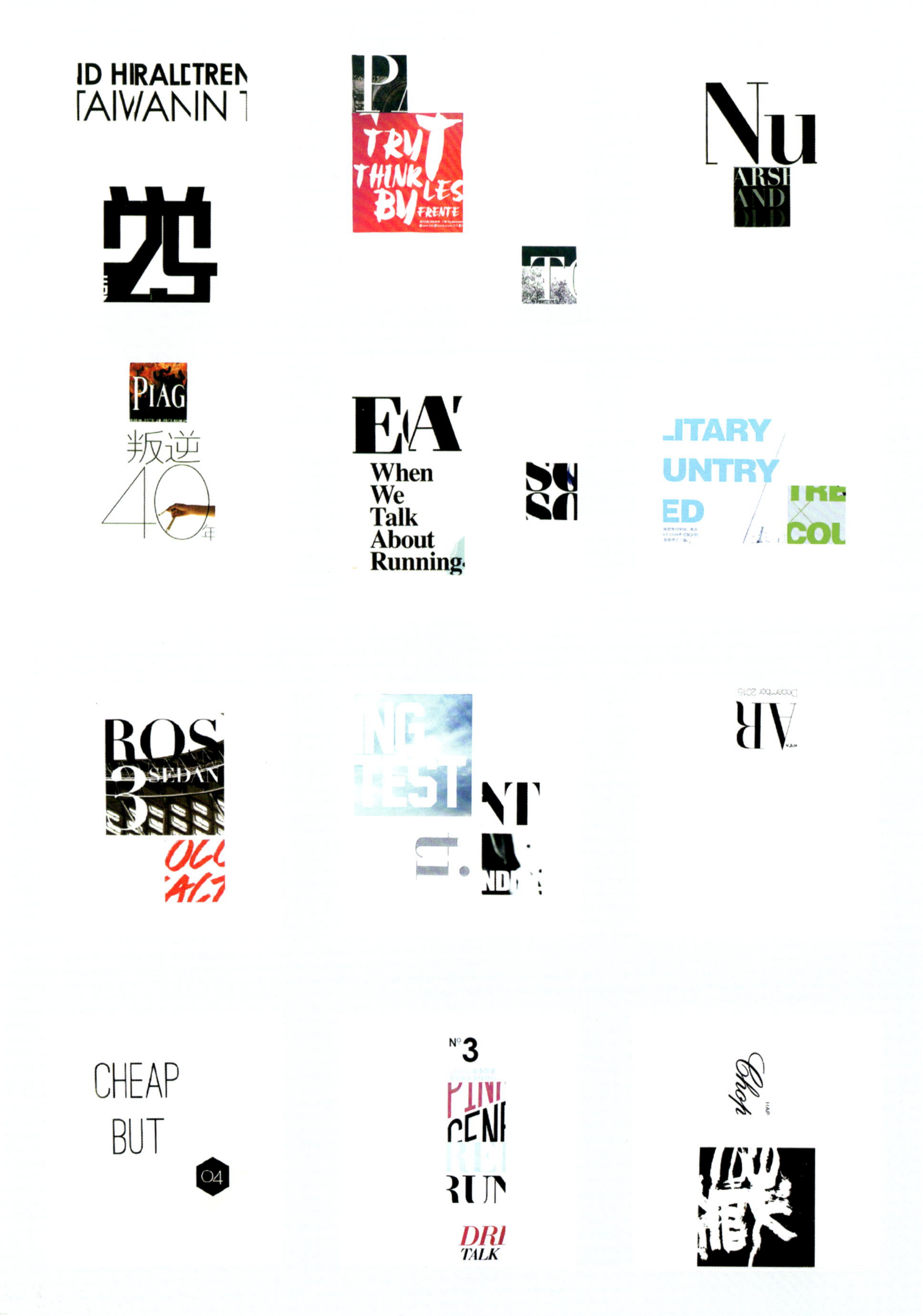

图4-4 标题拼贴作业展示

图4-5　正文拼贴作业展示

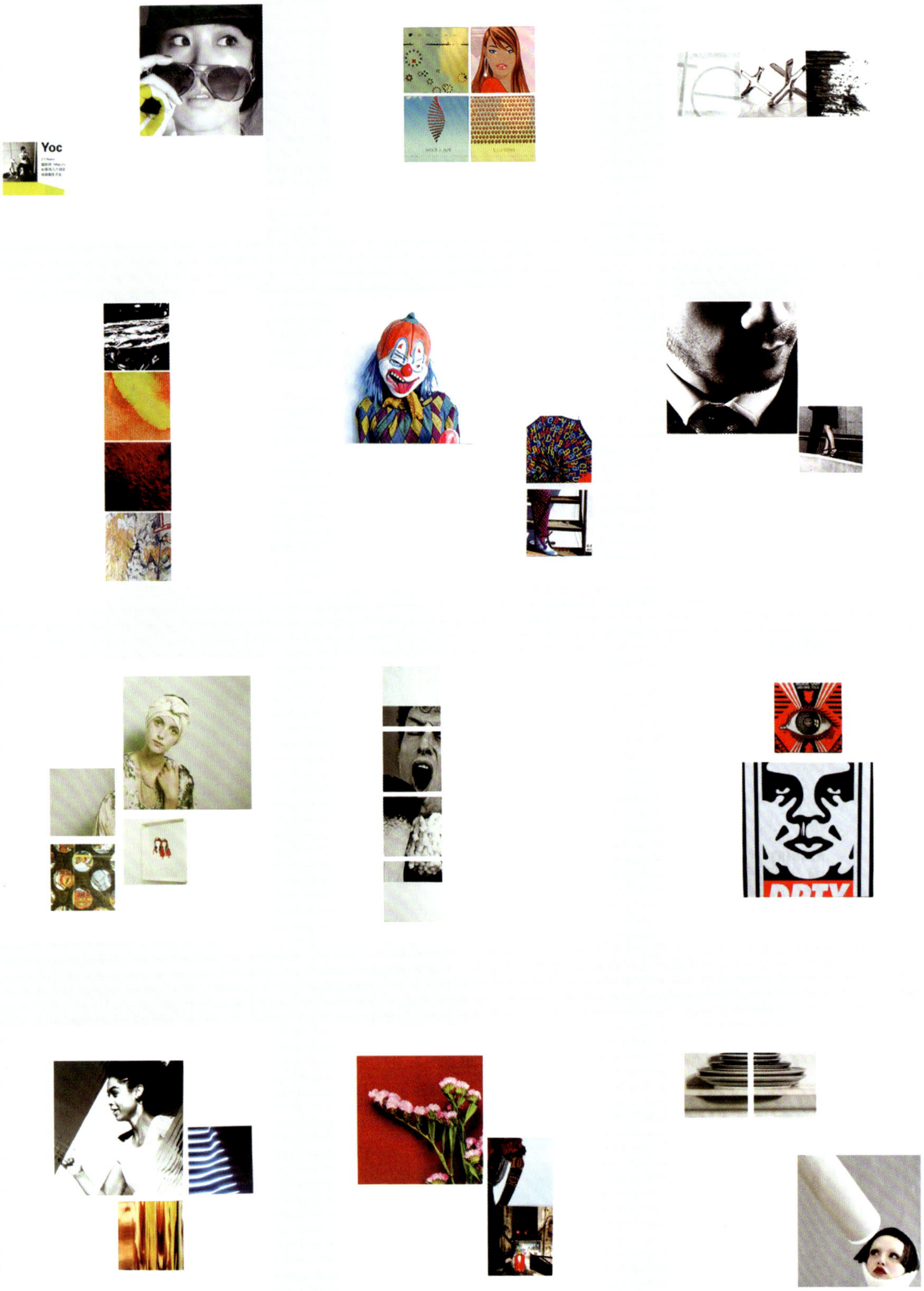

图4-6 图片拼贴作业展示

图4-7　标题和正文拼贴作业展示

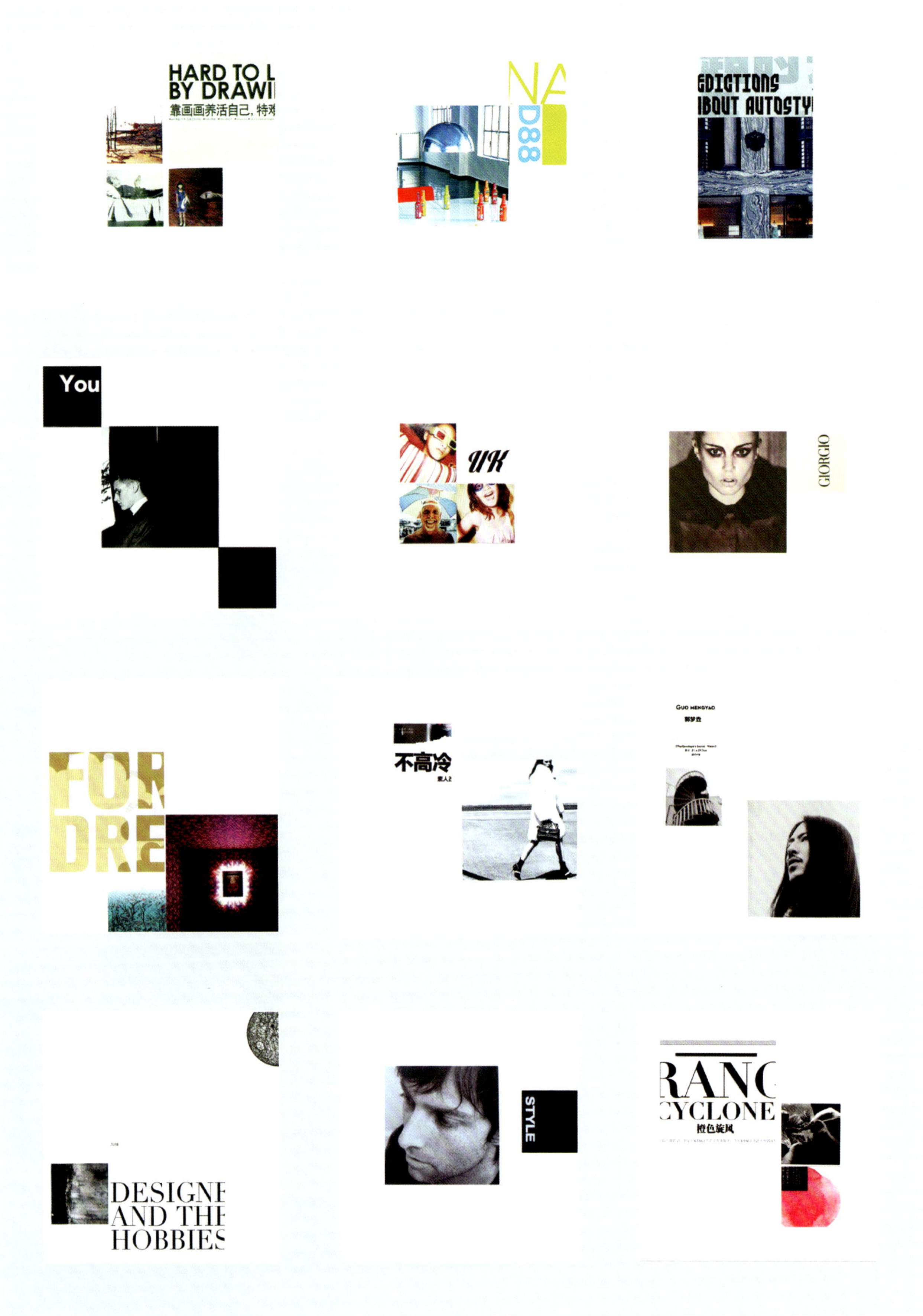

图4-8　标题和图片拼贴作业展示

图4-9　正文和图片拼贴作业展示

图4-10 标题、正文和图片拼贴作业展示

四、常见问题汇总

分享几个较典型的失误案例（图4-11），也许能帮助大家在课程训练中规避问题，使同学们更好地掌握版式设计的基本技巧。

（一）错误的样式选择

如图4-11（a）所示，标题的字体样式和图片内容呈现出来的样式不太协调，缺少呼应。文字和图片颜色沉闷、墨度较重，整体版面显得单调、压抑。这个案例中，图文本身质量不高，又搭配不当，建议更换部分图文要素，重新编排。

（二）未注意信息的层级关系

如图4-11（b）所示，四张图片视觉度均较高，缺少层次的变化，造成信息主次关系不清晰的问题。建议将部分图片更换为视觉度较低的图片，以增加视觉度层次。

（三）要素不符合要求

图4-11（c）中，各要素的内容缺少关联性，但最大的问题是剪切出来的要素本身就不符合作业训练的要求，要素内容不够“单纯”，一个要素内既包含标题又含有正文信息，这样的要素放在一个版面内很难达到协调一致的效果。另外，排版的时候没有注意到边长为21cm的正方形同边长为5cm、10cm的要素构成的隐形网格结构，致使画面凌乱。建议更换图文要素，重新编排。

（四）未注意整体的轻重平衡

如图4-11（d）所示，在画面中，将图片全部置于左侧的布局让版面明显不平衡。不注意要素之间的间距，致使要素之间缺乏联系。

（五）未关注负形空间

如图4-11（e）所示，拼贴后的要素将版面整体分割出多个独立的空白空间，负形空间的形态不流畅，画面显得凌乱而缺少关联。

（六）未利用版面要素的运动关系

如图4-11（f）所示，要素全部集中在一个角落，右侧大量的空白空间未能与四个要素呼应。设计者没能利用好现有要素的内容带来的运动趋势去布局，致使阅读者的视线被局促在一角，画面整体重心不稳。其实，正文要素有横向运动的趋势，人物图片有上下运动的趋势，logo图片有横向运动的趋势，利

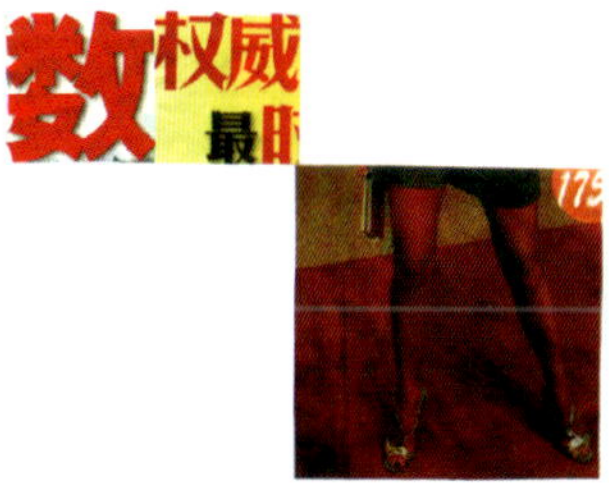
（a）

（b）

（c）

（d）

（e）

（f）

图4-11　典型的失误案例

用好各要素自身运动趋势，更容易自然地引导阅读者的视线在版面中舒适地移动。

学生常常会在练习中追问老师如何才能做得更好，明确主题、群组、整理视觉流向、稳定版面无疑是很好的布局思路和方法。可是在学生问到哪件作品最好时，老师往往很难给出准确答案，因为每个优秀作品都受地域、文化、个人风格的影响，每个优秀作品都有其独特之处，只要能够有效地传达信息就是一个合格的版式设计作品。

五、案例调整与修正

（一）明确主题

如图4-12所示，原图存在视觉焦点混乱、重点不突出的问题，画面中多个视觉度较高的要素彼此紧贴、互相干扰。这是因为多个标题围绕图片拼贴，会使原本视觉度非常高的人物图片周边空白空间减少，图片的视觉度被其下方紧贴的标题削弱后，图片与左上角标题之间的视觉度差异变小，观者的视线就容易在左上角标题与右侧图片中徘徊。为了解决这个问题，我们采用“空白是主题的领地”“分开主副信息”等常用手段，将所有标题集中到一起，把左侧的标题倒置，以降低识别性，这样高视觉度的标题互相削弱，中间位置的标题成为三个标题的中心，标题与图片视觉度差异就拉开了。

为了进一步强化图片的主体性，提高图片视觉度，我们将标题放置于版面边缘，将版面中心留给图片，同时在标题与图片之间留足空白空间，图片的视觉度进一步被强化。调整至此，版面图文信息的主次关系不再像原图那样模糊了，观者的视觉流线自然地由上至下延伸，然后落定在图片上。

虽然修正后的版面不一定是最好的结果，但通过这次修正可以帮助大家理解本教材前三个章节所讲的理论方法，使大家明白如何在实践中应对版面问题。

（二）群组

如图4-13所示，原图中四个要素编排的位置过于分散，致使版面负形空间较为零碎，两个深色要素块均位于版面顶部，这使版面上部视觉分量太重。排版时应注意群组要素，同时注意调整布局，使版面墨度均衡。修正后的版面较为紧凑均衡，负形空间较为规整，不会给人混乱的感觉。

（三）整理视觉流向

如图4-14所示，原图中视觉度较高的人物面部朝向版面右侧，画面有往右运动的趋势，但版面底部视觉度较高的标题块也位于版面左侧，阅读者的视线被两个视觉度较高的内容牵制在版面左侧上下移动，右

原图　　修正图

图4-12　案例调整与修正（1）

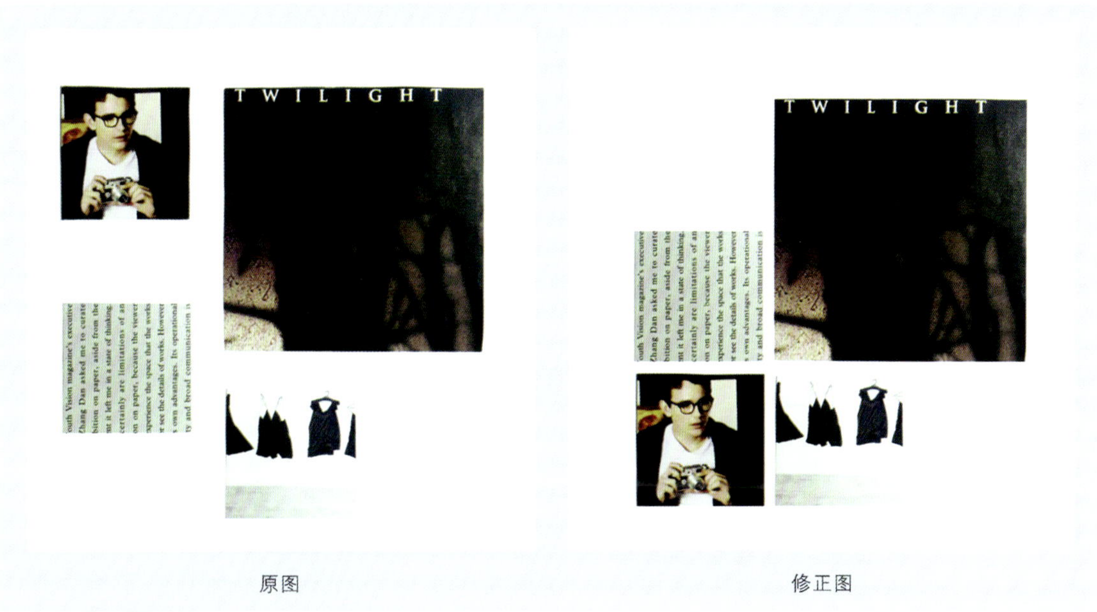

图4-13　案例调整与修正（2）

图4-14　案例调整与修正（3）

侧的正文块有多余之嫌，版面的编排不符合主体图片内容的运动趋势。修正后的版面，将阅读者视线集中在版面右侧较小的区域，在视线的切入点区域，阅读者可以快速了解整个版面的“内容提要”，呼应图片内容运动方向的布局让阅读者的视觉流向变得有序。

（四）调整样式

如图4-15所示，原图中的正文过于平淡，特征不明显。这就像在大舞台上表演，只有一个人独舞时，这个演员应该形象特征鲜明，具备把控全场的能力。通过替换一张更有特点的正文块，让版面的主题更明确，更吸引阅读者的视线。

（五）综合运用

如图4-16所示，在原图中，视觉度最高的人物图片四周的空白被正文块占据，图片的主体性被压制。图片中人物直立，画面有纵向运动的趋势，但三个正文块并未顺应主体图片的运动方向放置，而是被安排在版面左侧。两个视觉度较低的正文块被安排在版面顶部，而视觉度较高的正文和图片均位于版面中下

原图　　修正图

图4-15　案例调整与修正（4）

原图　　修正图

图4-16　案例调整与修正（5）

部，阅读者基本上会忽视顶部区域。产生这种情况的另一个原因是三个正文块的间距较开，未能形成群组效应，进一步削弱了其存在感。

在调整修正后的版面中，阅读者的视线顺应人物姿态移动，群组后的三个正文块形成了一个群体，把更大的版面空白留给了视觉度更高的图片，强化了其存在感，整体版面重点突出。

思考题

请在中国大学生MOOC平台“版式设计”课程内对大家完成的拼贴作业进行点评，并上传你的拼贴作品。拼贴步骤如图4-17所示。

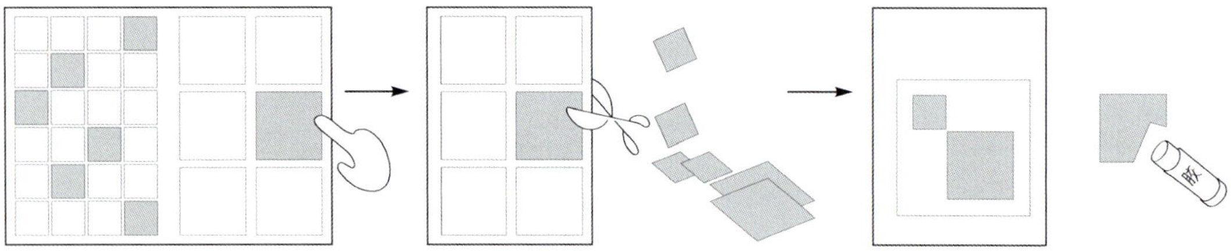

扫码获取拼贴素材

图4-17　拼贴步骤

第五章　网格系统

一、网格系统的基本概念

（一）网格系统

在版式设计中，网格被当作一种秩序系统来使用。它是设计师某种特定的精神和态度的表达，展示了设计师是以一种结构性、可预见的方式来进行构思和设计的。

那么，在设计中使用网格系统会为我们带来什么好处呢？

约瑟夫·米勒-布罗克曼在其《平面设计中的网格系统》一书中对网格系统进行了阐释，此举使其成为平面设计史上的先驱。

约瑟夫·米勒-布罗克曼认为，使用网格系统可以帮助我们：

①更加系统地厘清设计思路；

②集中精力处理设计中的关键问题；

③以客观取代主观；

④理性看待设计过程；

⑤学会将色彩、形式和材料进行结合；

⑥尝试从建筑的角度来驾驭内外空间；

⑦设计态度变得更加积极，思想更具前瞻性。

借助网格系统，设计师的作品会变得更加易懂、客观，且富有逻辑美感。

（二）单元网格

如图5-1所示，网格将二维平面的版面空间划分成更小的空间，这些划分后得到的小空间就叫作单元网格，也叫单元格。

这里有几个需要注意的基本规则：

①单元网格的高度相当于这个单元网格内文本的高度。

②单元网格的宽度与网格内文本的宽度相当。

③通常各个单元网格之间会留有一定的间隙，一方面可以让图片之间互不干扰，保证了文本的易读性；另一方面也为插图的注释预留出一定的空间。这些间隙的纵向高度为正文的一行、两行或者更多行，横向的间隔则取决于正文字体的字号大小和插图的尺寸。

将版面划分为若干个单元网格，可以更好地帮助我们处理版面中的各种基本要素（比如文字、照片、插画等）。我们以网格为标准来调整这些基本要素的尺寸，从而使其完全适应网格的布局，这样整个版面自然就会富有逻辑美感。

如图5-2所示，最小插图对应单元网格。单元网格可以单独放置视觉元素，也可以通过组合单元网格

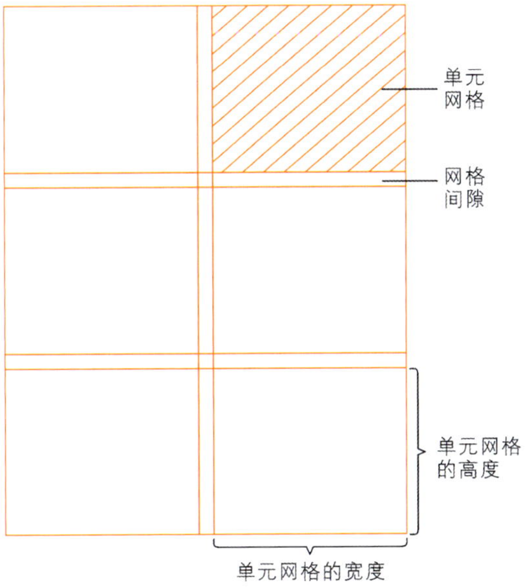

图5-1　6格网络系统

图5-2　最小插图对应单元网格

得到更多比例的新的网格。这些新的网格同单元网格的尺寸存在倍数关系。（图5-3）

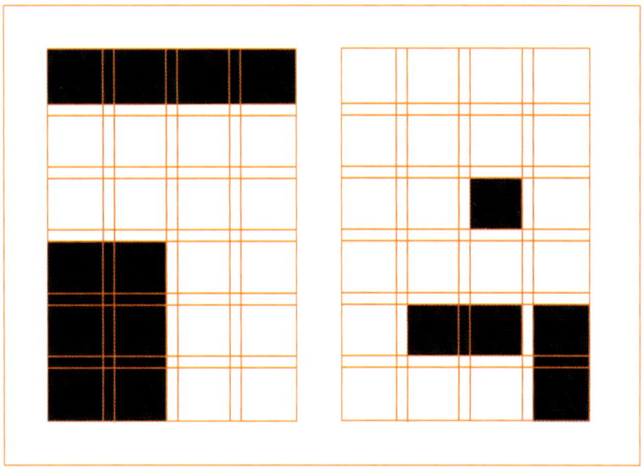

图5-3 单元网格可单独可合并演示

那么，在实践中，我们该如何设置单元网格的数量呢？

虽然网格决定了空间的大小，但在实际设计中并没有对单元网格的数量做出限制，它可以是3个、6个，甚至是8个（图5-4）。我们必须在仔细研究每一项具体的工作后，才能确定设计所需的网格大小和单元网格的数量。一般而言，那些图片较多且尺寸差异较大的项目，可以考虑选择单元网格数量较多的网格系统，如8格、12格、16格等，因为较多数量的单元网格可以组合出更多比例的网格。当然，具体的项目要具体分析，没有一成不变的规则。

总的来说，网格作为一种控制系统，为我们提供了一种更加简单的方式来理性地组织二维空间。这样一种布局系统要求设计师更加理性地分析设计任务，系统且整体地安排图片和文字内容，其设计的重点也就显而易见。

（三）度量系统

现代排版度量系统建立在点制的基础上，这种系统以巴黎字体商菲尔曼·迪多命名。之所以未采用“厘米”作为度量单位，是因为在传统的铅字排版度量体系中，是使用“点数”作为度量单位的，后来随着照排技术的出现，毫米和英寸才逐步跟“点数”一起作为度量系统被应用于排版中。在常规的排版中，字号以“点”（point，简写为pt）作为单位，它指的是从字母笔画最顶端到字母笔画最底端的高度。一般而言，1pt约等于0.3528mm，等于1/72英寸。我们常用的设计软件一般采用pt和mm共同作为度量单位使用，软件系统会自动在这些单位之间进行换算。

有一点需要注意的是，在实际工作中，常用的中文文字编辑软件，除了采用点制度量单位外，还会采用“号”作为文字度量单位。如表5-1所示，Word中常用的小四号文字就等于12pt，也等于4.23mm，五号字体等于10.5pt，也等于3.70mm。我们并不用死记硬背这个换算表，只需要知道它们存在换算关系即可。建议初学版式设计的同学制作一份常用字号表，将不同字号的中英文打印出来，在设计实践时作为一个直观的尺寸参考使用，经过一段时间的训练，自然就知道不同字号的实际尺寸大小了。

图5-4 3格、6格、8格网格系统

表5-1　字号换算表

号数	点数/pt	尺寸/mm
初号	42	14.82
小初	36	12.70
一号	26	9.17
小一	24	8.47
二号	22	7.76
小二	18	6.35
三号	16	5.64
小三	15	5.29
四号	14	4.94
小四	12	4.23
五号	10.5	3.70
小五	9	3.18
六号	7.5	2.65
小六	6.5	2.29
七号	5.5	1.94
八号	5	1.76

二、栏宽、行距、页边距与页码的设置

（一）栏宽的设置

分栏是规范图文编排的一种手段，也是形成网格系统的基础，如图5-5所示，通过分栏的形式，可以将页面纵向划分为几个间隔开的区块。

在分栏编排时，每一栏的宽度称为“栏宽”。栏宽的设置不仅是一个设计或形式的问题，它还涉及文本的易读性。如果要让读者轻松和舒适地阅读文本，那就不能忽视字号的大小、行的长度和行距的设定。

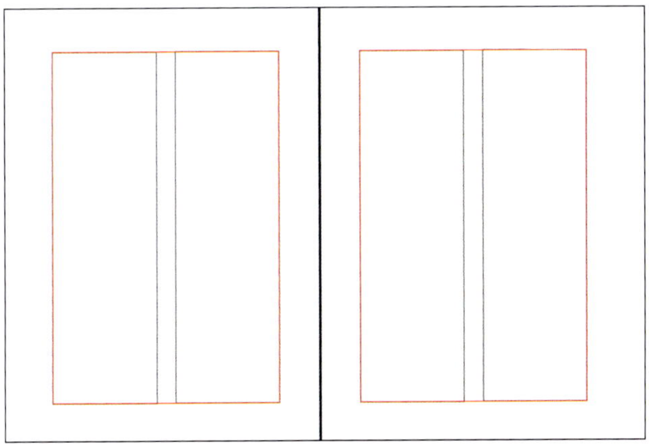

图5-5　双栏

字号太大或太小都会让读者读起来很费劲，也容易产生疲劳感。一行太长，阅读起来就会感觉费劲，那是因为眼睛需要长时间保持在一条很长的水平视线上。一行太短，也不利于阅读，因为在阅读过程中，眼睛不停地换行容易分散读者的注意力。对于读者来说，阅读困难就意味着传达、记忆过程中质量的降低。现在已被普遍认可的经验是：英文大约每行7个单词比较合适，中文每行20~30个汉字（包括标点和空格）比较合适。

这里有一个值得注意的问题：一行的长度是一个相对的概念，除了同字数有关，还与文字的大小有直接关系。当字号变大时，一行合适的长度就会发生变化，所以，在设计实践中，设置栏宽之前，应该先大致确定正文的字号。只有设定合适的字号和栏宽，才可以呈现出一种令人愉悦的阅读节奏，并让读者在放松的状态下更多地去关注内容本身。

（二）行距的设置

行距就是从一行文字的底部到下一行文字底部的间距。

行距和行宽一样需要格外注意，合适的行距是决定文字易读性的主要因素之一。如同一行太长或太短的情况一样，行距太大或者太小也会影响阅读，进而影响文章的易读性。如果行距太小，那么眼睛就容易被相邻的行干扰，导致阅读时容易串行，减缓阅读速度，产生疲劳感。这是因为，人的眼睛无法精确地对焦在过分接近的两行之上，所以每一行文本周围都应该预留一定的视觉缓冲区域，也就是说要设置适当的行距。

同样的道理，行距也不能设置得太大。过大的行距会让读者很难把文本中的上下两行联系起来阅读，会让人产生不确定性和疲劳感。适当的行距能引导读者的视线自然地从一行移动到另一行，并在阅读的过程中建立信心。当阅读变得更顺畅和简单时，文中的内容也自然能被读者更清楚地掌握，同时能传达出文本的表情与品质，在读者大脑中留下更深刻的印象。

另外，设定行距时还需要考虑一个因素：行距决定了一个页面能容纳的行的数量，也会影响一个页面能容纳的字数。在相同字号的前提下，行距越大，能放入的行数就越少；行距越小，能放入的行数就越多。

（三）页边距的设置

如图5-6所示，版心的周围留有空白区域，版面中的图文内容都会放置于版心区域，而版心距离纸张边界的距离就是页边距。

页边距的设置一方面是因为受到了印刷技术的限制。书籍在装订时会有1~3mm的外边被误裁掉，为了保证页面内容完整，一般情况下，我们会在页面四边各留出3mm的空间，也叫作“出血”。另一方面，页边距的设置也有审美的因素，比例协调的页边距可以提高读者阅读时的愉悦感。

需要特别注意的是，页边距不能设置得过窄。页边距太窄，加上裁切的误差，容易让页面看上去是斜的。页边距越富余就越能减少裁切上的不确定性，并且还能降低对设计品质感的破坏。

对于画册来说，如果版面中的图片需要整版呈现的话，也可以不设置页边距，让图片撑满整个版面，我们叫作“出血图”。通常来说，这类出血的图片版面会与有页边距的版面混合使用。如果这些版面配合得当，那么设计会显得十分大气。（图5-7）

页边距该设置多宽合适呢?

页边距和版心的比例关系会对版面的整体效果产生很大的影响。如图5-8所示，如果页边距在版面中所占的比例太小，读者不但会觉得页面过于饱满，而且在他们拿起印刷品时，手指会不经意地遮挡住一些文字或图片，影响正常阅读。

如果页边距在版面中所占的比例过大，不但会造成一种奢侈感，还会导致文本稀疏，有种信息量太少的感觉。

页边距的设定还是有一些规律可循的。通常情况下，上边距窄于下边距、内边距窄于外边距的设定，会使版面稳定、平衡和比例协调。

（四）页码的设置

在版式设计中，页码常常是被大家忽视的一个元素。其实，页码的位置也很重要，同时它也存在一些设置规律。

虽然页码可以设置在版心周围的任何位置，但最好是根据版心的位置和页边距的宽度来设置。如果将页码设置在版心的中轴线上，那么就在强调版面的稳定感（图5-9）；如果页码设置在版心的外沿，页码可以引导视线向外移动，同时会增加切口一侧的视觉

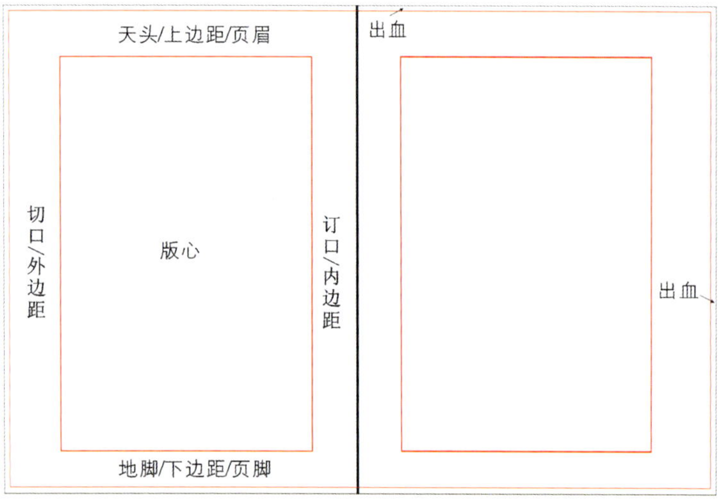

图5-6　版面区域

图5-7　不设置页边距的版面

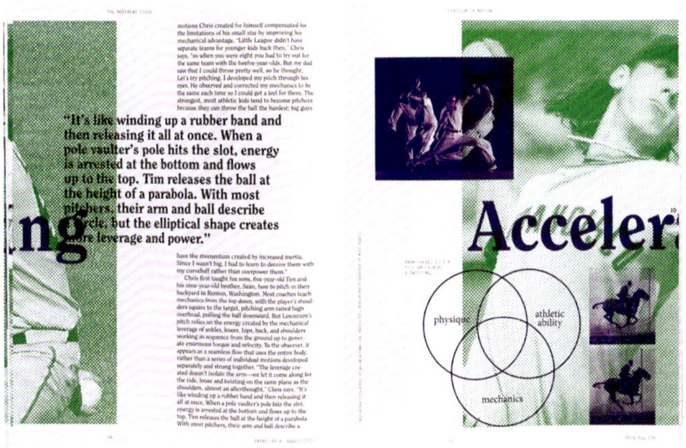

图5-8　页边距比例较小的版面

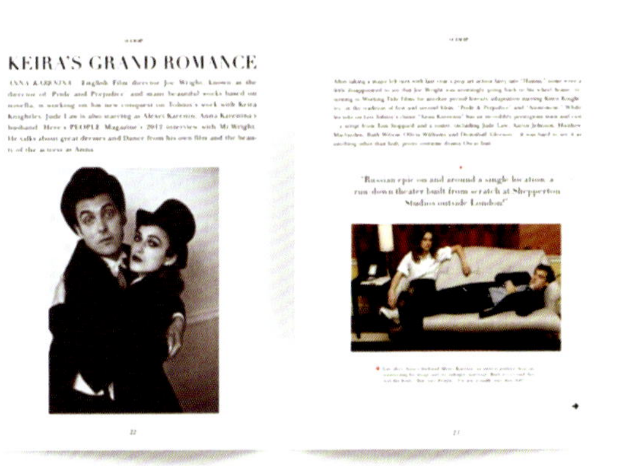

图5-9　页码在版心中轴线上

分量，让翻页过程显得更快一些，版面就会显得更加生动（图5-10）。

图5-10　页码在版心外沿

当然，页码放在天头、地脚或者同在版心的左侧、右侧，甚至直接放在左上角的切口处也都是可以的，但前提是版面具有平稳感。

三、版心的设置

所谓版心，是指图书版面上承载图书内容的部分。通俗来说，版面上除去周围白边，剩下的以文字和图片为主要组成部分的就是版心。它是版面构成要素之一，是版面内容的主体。

在实际操作时应该如何确定版心的位置呢？

首先，我们必须明确设计的性质和目的，也就是该项目的样式和风格；然后确定该项目中有多少文本和图片内容，以及需要多大的版心空间来容纳内容。我们应该在心中有一个明确的想法后，再去确定版心的位置。

在这个阶段，建议大家通过画草图的方式获得直观的感受，并辅助判断。从原则上来说，草图上示意的文本和图片应该尽量清晰，易于识别。如图5-11所示，我们用方框代表图片，用线条代表文字行，用长条代表标题。绘制的时候尽量符合比例，这样我们就更容易判断要素之间是否协调，以及所有内容能否置入版面空间。

详细规整地绘制草图，才能在实际设计中为我们确定版心的位置提供一定的参考。

图5-11　版面空间线稿图

如图5-12所示，在设计实践中，图（a）展示的是一种在对页中对称的版心布局，并留有很宽的订口，这类版心适用于书籍设计。图（b）展示的是一种经典的根据黄金分割比例来设置的对称式版心。图（c）展示的是一种非对称的版心设置，它的左右（切口和订口）不等宽。图（d）展示的是一种对称的版心设置。

在实际设计工作中，面对一些内容非常复杂的书籍项目，有时候为了适应和协调各种不同视觉元素的尺寸和比例，甚至会套用多种版心设置以满足要求。图5-13为大家展示的就是各种可能的版心设置方式，如两栏版心与三栏、四栏复合使用。

对于设计师来说，如果想在设计中寻找一个能满足所有需求的版心，最好的办法就是先画一个草图，并不断地进行修改完善。这个工作做得越仔细，在草图中绘制的版心与页面、版心与页边距的关系就越容易被事先查验。

在画草图时我们应思考以下几个问题：

（1）版心应该由一个通栏、两栏还是更多栏组成？

（2）项目内容的文本中有脚注吗？内容中包括

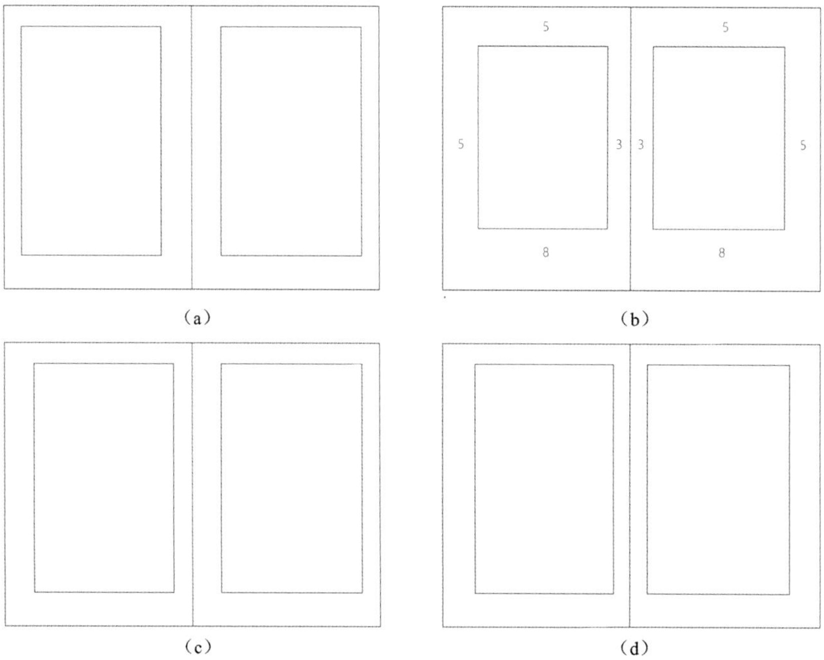

图5-12　四种不同的版心设置

图5-13　两栏、三栏和四栏的版心

图片和图注吗？这决定了是否需要设计一个专门的窄栏来放置注释。

（3）一共有多少图片、多少文字？

（4）这些图片中有多少是大尺寸的，多少是小尺寸的？有哪些是不能被裁切、不能改变比例的？

除了以上几个问题外，设计版心时还需要考虑版心与整个版面的协调问题，例如：

（1）版心在页面中的面积是否应尽可能大一些？

（2）留白的页边距是否应赋予一定的视觉功能？

（3）是否应该设置一个较宽的页边距，让版心看起来更加轻盈？

每项具体的设计都会出现各种各样的问题，这些问题不可能通过一个简单的理论就得到解决，而是需要我们因地制宜地调整。因此，同学们要多开展实践训练，以提升自己的设计能力和解决问题的能力。

四、栏的划分及其特点

不同的分栏方式到底适合哪种类型的图文内容呢？

对于需要进行图文混排的版面来说，当图文内容中存在大、中、小不同尺寸的图片时，如果使用通栏，也就是不分栏，那么整个版面的自由度就会太低，可选择的图文编排样式就很单一。

两栏的分栏方式相对于通栏而言，就显得比较灵活且富有变化。文本和插图可以排在同一栏中，也可以一栏用来排文本，一栏用来排图片。（图5-14）

两栏还可以再细分成四栏，分成四栏后，能组合出来的形式变得更丰富了。四栏可以是2：2的等分比例关系，也可以是1：3的非等分比例关系，还可以合并三栏或者四栏用来放置图片，这样版面中就能容纳更多不同比例的图片了。（图5-15）

三栏的分栏方式也是常用的分栏方式之一。三栏可以形成1：1：1的等分比例关系，还可以形成1：2的非等分比例关系。（图5-16）

同样地，三栏还可以进一步细分成六栏。但分栏划分得越细，就可能出现栏宽相对狭窄、单栏所能容纳的文字较少的状况，就不得不选择更小的字体来进行编排。这种分栏较多的情况往往在大容量信息如报纸、索引类书籍、字典等载体中使用，这类出版物文字信息量较大，阅读起来容易疲惫，而较窄的栏宽、较少的单行字数可以起到提高阅读兴奋度的作用。（图5-17）

不过，具体的分栏方式还是要根据版面内容来定。通常来说，在版面中需要对大量的文本和图片进行混排，或者有尺寸差异较大的数据图表要编排时，较多的分栏数可以提供更多的选择。

分栏方式灵活多变，如四栏既能合并成两栏按1：1的比例编排；又能合并成三栏后按2：1的比例编排；还可以进一步分成8栏、16栏甚至更多栏。分栏有利于图表在版面中的展示。

在绘制草图阶段，我们要尝试使用两栏、三栏、四栏以及不同的字号来调整版面布局，直到得到一个

图5-14　两栏分栏案例

图5-15　四栏分栏案例

图5-16 三栏分栏案例

较为可行的解决方案。这是一个漫长的过程，需要反复修改，但不要因此忽略或者马虎地跳过这一阶段。对于图文内容非常复杂的书籍设计项目，一旦在绘制草图阶段得到一个能解决问题的网格设置，就相当于拿到了一根指挥棒，复杂的信息会在网格的帮助下变得有序而富于变化。

五、网格的设置与行数的计算

先提一个问题：当分栏方式确定以后，接下来该做什么呢？

答案是：选择一个合适的文本行数去适应网格。不是大致适应，而是要做到正好将“整数的行”放入版心的网格。

事实上，在选择分栏方式之前，我们大致确定了正文的字号，也就能够推算出版心所能容纳的文本行数。那么，网格中所需的文本行数应该如何计算，是否存在计算规律？这里我们举例给大家演示说明。

图5-18所示，有这么一个版面，纵向通栏设置，横向划分成4格，4格之间存在3个格间距。格间距也叫“空行”，单元网格之间的空行是为了间隔图片，并给图注或图片标题留有一定的空间。我们的目标是将正文置入这个网格，并且做到每一格正好容纳“整数的行”，每个空行应该正好容纳一行正文。

现在假设按照预定的文本字号，在这个版心中能容纳57行，我们将57行减去3行空行，得到的54行就是4个单元网格容纳的总行数。这时，我们再将54除以4，就得到了每个单元网格可以放置的行数，即13.5行。

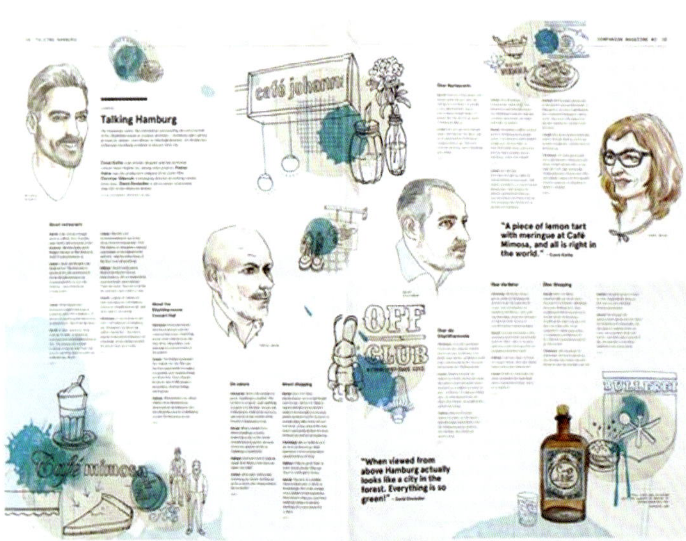

图5-17 信息量较大、分栏较多的版式

图5-18 网格文本行数计算演示图

但问题又来了，在网格设置中没有半行的概念。所以，我们需要寻找一个既接近于54又能被4整除的数字。我们来假设一下，如果每个单元网格放置13行，再包括3行空行，通过计算就可以得到一个55行的行数（13行×4格+3空行=55行）。55很接近54，也能等分为4份，所以，55行成为这个版心的最佳行数。

除了上面这种情况，设计实践中还存在另外一种情况，如规定了版心容纳的总行数，那我们能否反推出版心可以适应哪几种网格划分方式呢？这里通过一个案例来讲解。

假设现在规定版心中需要排53行文本，根据前面学习的文本行数的计算方法，我们可以推算出53行的文本适合放到哪几种网格系统中。于是得到如下两个计算公式。

（1）53行=（9格×5行+8空行）。意思就是，这个版面如果规定需要53行的话，那么版心正好可以被划分为横向9格的网格系统，每格之间空一行，总共空8行，每格正好容纳5行文本。

（2）53行=（6格×8行+5空行）。意思就是，这个版心还可以被划分为6格网格系统，每格之间空一行，总共空5行，每格正好容纳8行文本。

通过上面的案例，我们知道了文本行数其实也决定了单元网格的数量。比如，一个可容纳59行文本的版面，经过计算，存在5种等式关系，对应5种网格设置方式。

（1）59行=（12格×4行+11空行），12格网格系统，每格有4行文本。

（2）59行=（10格×5行+9空行），10格网格系统，每格有5行文本。

（3）59行=（6格×9行+5空行），6格网格系统，每格有9行文本。

（4）59行=（5格×11行+4空行），5格网格系统，每格有11行文本。

（5）59行=（4格×14行+3空行），4格网格系统，每格有14行文本。

知道这5种网格设置的可能性后，绘制草图时网格的选择范围就变得更明确了。

六、字号与行距的计算

一个版面中除了正文，往往还有脚注、图注等说明文字，这类文字往往采用小于正文的字号来区分其层级关系。在一个成熟的网格系统中，不仅正文需要与网格对齐，版面中的图注、标题等都需要与网格对齐。（图5-19）

因为版面中不同类型的文字都共用一个网格系

图5-19 版面文字与网格对齐

统，而网格系统又是根据正文字号来计算的，那么版面中其他类型的文字想要对齐网格，就必须同正文的字号有一定的关系。也就是说，根据正文的字号，我们就能计算出其他类型文字的字号。

如图5-20所示，如果需要图注文字与正文文本对齐，就必须同时考虑不同大小的文字及行距的设置，并确保它们能对齐。

两行6pt字号、6pt行距的图注（总高度为12pt），其高度相当于一行10pt字号、12pt行距的正文。只要按照这个倍数关系，在网格系统中图注文本就能与正文文本保持对齐。

一旦正文与图注的字号及行距关系具备一定的倍数关系，那么知道正文字号就能推算出图注的字号及行距。这个规律不但适用于正文与图注，同样也适用于正文与标题、正文与其他说明文字等。因为网格系统中所有类型的文字都需要具备一定的倍数关系。

图5-20　图注文字与正文文本对齐

再通过一个案例来说明标题与正文的倍数计算。假设有一行20pt字号、24pt行距的标题（总高度为24pt），那么两行10pt字号、12pt行距的正文就正好能与标题对齐（总高度为24pt）。

图注、标题与正文的倍数关系示例

七、网格设置的步骤

网格的设置一般分为五步，图5-21所示为第一至第四步。

第一步：设置版心。设计师在1∶1的草图上先绘制出版心，并选择功能和形式最佳的方案。

第二步：分栏。这里以两栏为例，将版心垂直平分为两个部分，并通过一个栏间距区分这两个部分。

第三步：划分单元网格。横向将版心划分为2个、3个或者更多的单元区域。

第四步：根据提前设定的正文字号计算出这个单元网格中可以容纳多少行文本以及文本的行间距。同时，计算除正文外，其他类型文本的字号及其行间距。

第五步：确定单元网格的功能。确定哪个区域放图表，哪个区域放文字，最终形成网格系统。

八、网格系统与单元网格比例

版面被网格系统划分成若干单元网格后，不同单元网格组合后会形成不同比例关系的区域，这些不同比例关系的区域为图文内容的置入提供了多样化的选择。

（a）　（b）　（c）　（d）

图5-21　网格设置的步骤

图5-22所示版面中使用的就是经常用于广告宣传单和画册设计的8格网格系统。我们看一下左上角的两张示意图，8格网格系统能产生8种不同尺寸的区域，其中包含4种窄长的比例和4种宽幅的比例。这就意味着，版面中的图片和文字能够基于这8种不同尺寸和比例的形状来产生丰富的版面变化。

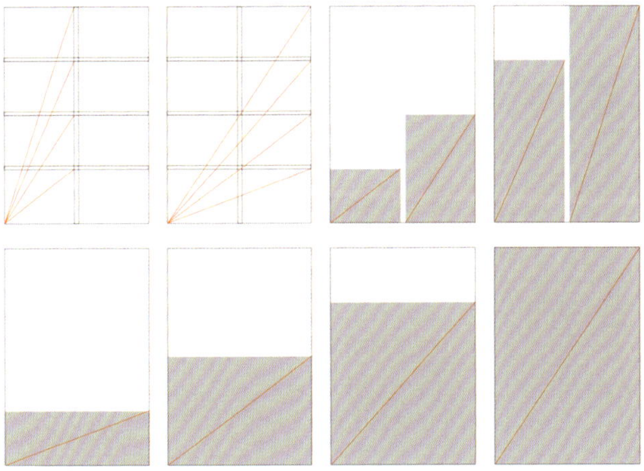

图5-22 8格网格系统中8种不同尺寸的区域

同理，若采用20格网格系统来编排文字与图片，能产生20种不同尺寸的区域；而采用32格网格系统可以为设计师提供更多的可能，或者说几乎是无限可能。但网格系统并非划分得越细越好，在满足项目图文需求的情况下选择最少的网格系统才能真正地提高编排效率。

图5-23所示为20格网格系统的版面，4张图展示了20格网格系统中20种不同大小的区域。我们把图片和文字分别放入这20种不同尺寸的区域中（图5-24至图5-28），更容易帮助大家理解应用网格带来的变化。

以上从不同角度展示了20格网格系统带来的有趣的变化。网格系统作为版式设计的重要工具，是能给设计师提供更多选择的，也能赋予版面有趣的逻辑性美感。

九、书籍排版中的网格应用示范

网格系统是一个很强大的排版工具，可以有效帮助设计师把信息梳理得清晰、有条理。下面以一份尺寸为210mm×285mm的招生宣传册（图5-29）的专业介绍部分为例，做一个纸质媒介网格系统排版示范。由于招生宣传册涉及的专业较多，该案例中只展示一个对开页的设计。

排版前，先要分析版面图文信息的构成。该版面主要由专业介绍、师资介绍、培养方案、人物照片等模块构成，版面信息总量不少，但信息的组别并不算多，算上图片大致为六组。整个版面的排版以干净、整洁的基调为主，以便提高信任感和可读性，所以不需要借助太复杂的网格。招生宣传册页面排版分五步完成，示范所使用的软件为Adobe InDesign。

（一）分栏

因为版面的尺寸为A4，版面的内容又比较多，去除一定的页边距后版心的面积并不是很大，所以把正文的字号设定为7~8pt比较合适。另外，因为图片类型较为单一，尺寸差异不大，所以把版面分为两栏或者三栏比较合理。我们可以先按照两栏、三栏划分，然后择优进行下一步。

（二）搭建网格

先将正文字号设置为8pt，然后选择文字工具，

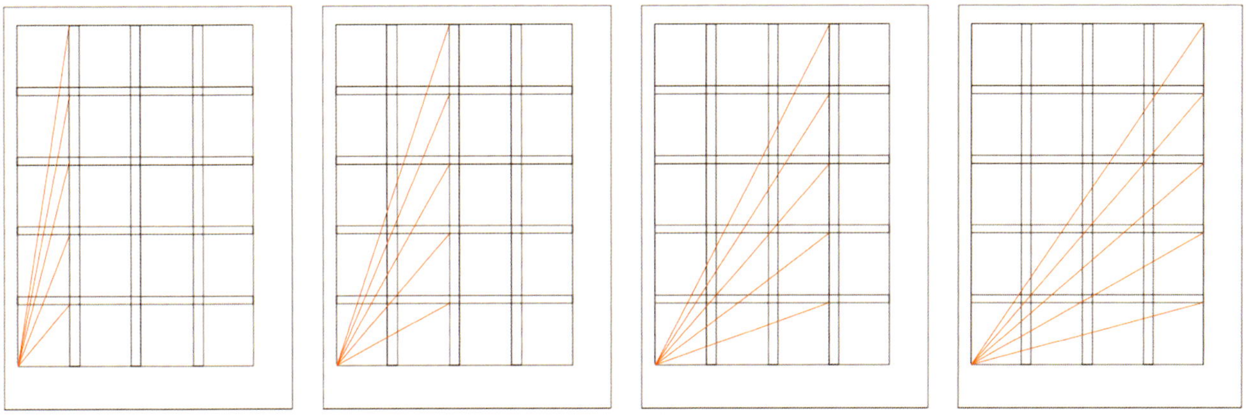

图5-23 20格网格系统中20种不同尺寸的区域

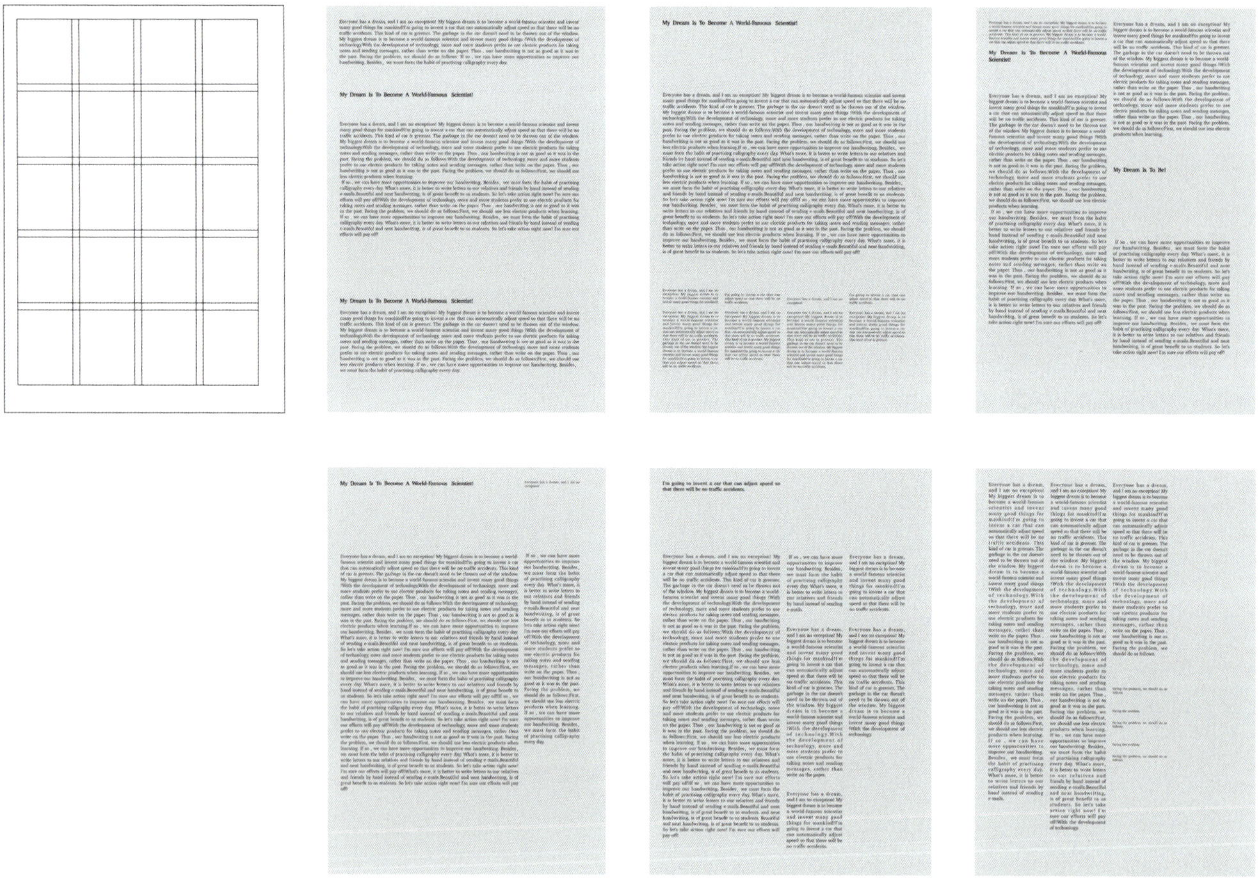

图5-24 多种不同宽度与高度的文字版式

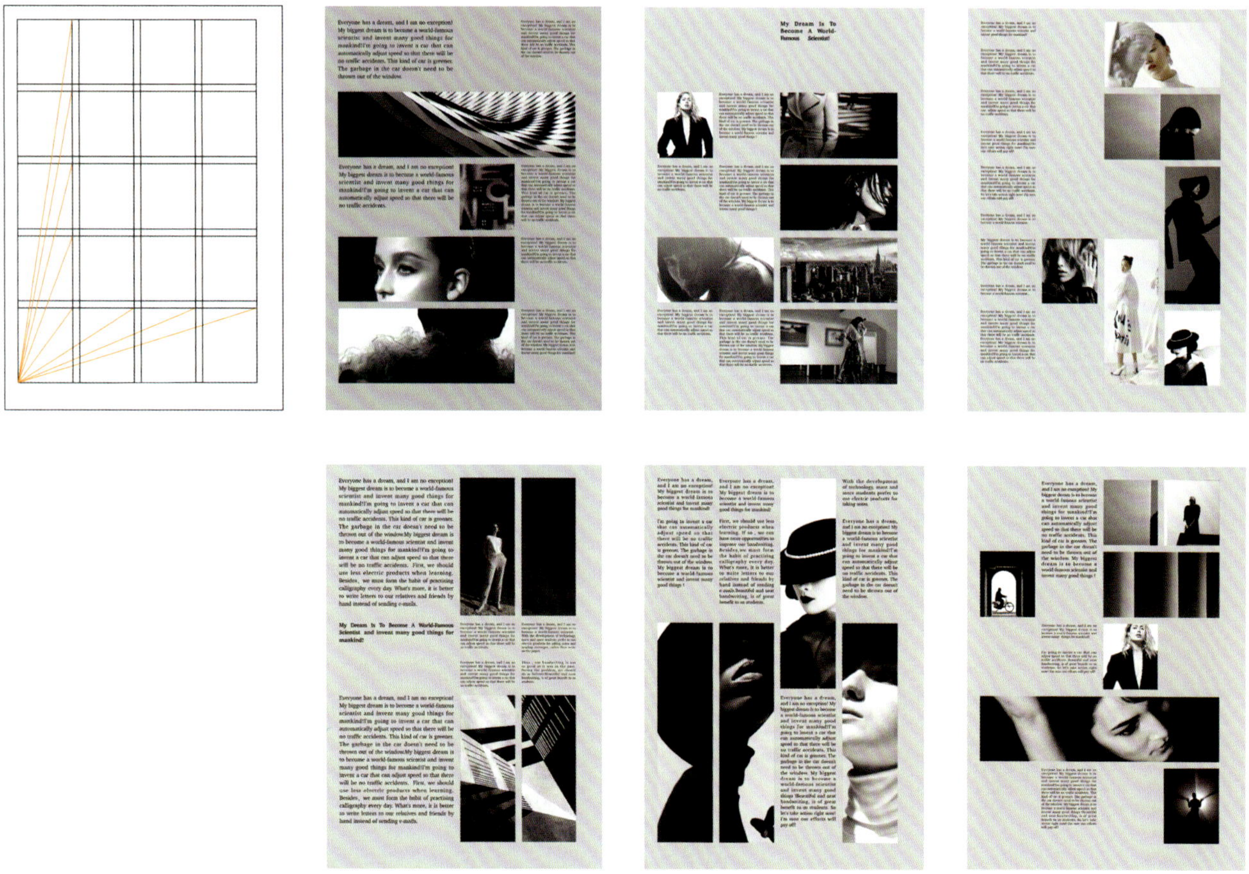

图5-25 8种不同尺寸的横图与竖图的排版方式

图5-26 4种不同宽度的竖图的排版方式

图5-27 4种不同宽度的方形图片的排版方式

图5-28　4种不同宽度的横图的排版方式

图5-29　招生宣传册

画一个与栏宽相等的文本框，右键选择假字填充，这时文本框会被默认的假字填满，选择一个合适的行距（这里选择的行距为13pt），然后得到图5-30、图5-31所示效果。现在版心内正好容纳了56行正文。

接下来，我们要在纵向分栏的基础上从横向将版面划分成若干单元网格。我们有两种选择。第一种方式是把版心横向6等分，那么每个格子里面只能容纳8行正文，再加上每两个格子之间需要留1行正文的间隔高度，我们就需要压缩版心高度使其正好容纳53行正文（6格×8行+5行间隔=53行）。第二种方式是把版心横向8等分，那么每个格子里面只能容纳6行正文，再加上每两个格子之间需要留1行正文的间隔高度，我们就需要压缩版心高度，使其正好容纳55行正文（8格×6行+7行间隔=55行）。

总结一下上文的计算：假设版心中的文字行数是A，可以横向等分的数为B，每个格子中可容纳的文字行数为C，每两个格子之间的间隔为1行，就可以得到公式$A=B\times C+(B-1)$，简化后就是$A+1=B(C+1)$。套用上面的假字行数，即$56=B(C+1)$，于是就很容易得出$B=8$，$C=6$，或者$B=7$，$C=7$等。

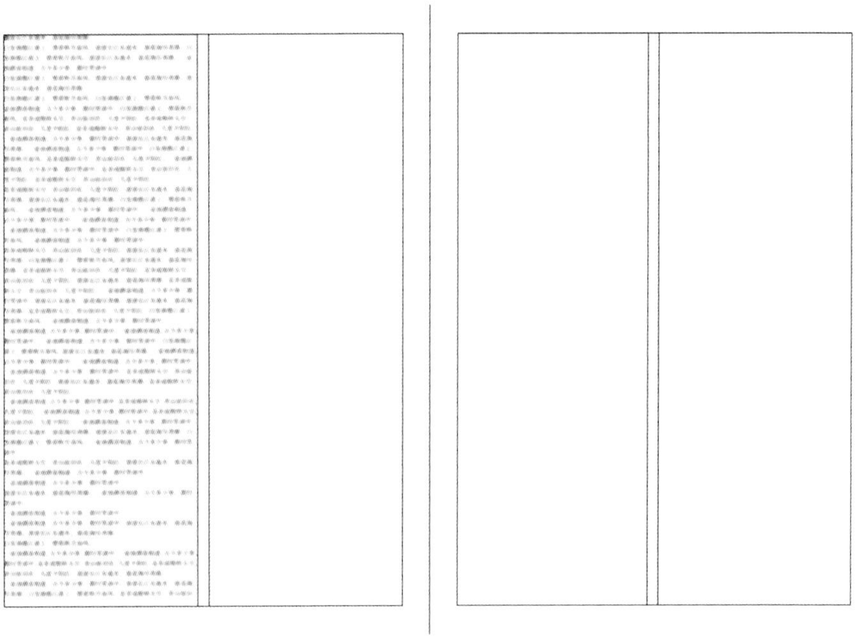

图5-30　将文本放入两栏网格

图5-31　将文本放入三栏网格

为了呈现不同版面的排版效果，我们选择在两栏版面采用横向8等分（图5-32），在三栏版面采用横向6等分（图5-33）的方式进行对比。

（三）置入图文内容

在排版时要注意，版心内最顶部与最底部的信息要与网格的边线对齐，如图5-34、图5-35所示。另外，排版时最好有跨栏、跨格之类的打破网格的处理，让版面产生节奏变化，如左侧版面的表格就做了跨栏处理。

经过对比，我们可以看出，两栏版面内的排版单行文本较长，不便于阅读，因此，我们将其舍弃，选用三栏版面进行下面的步骤。

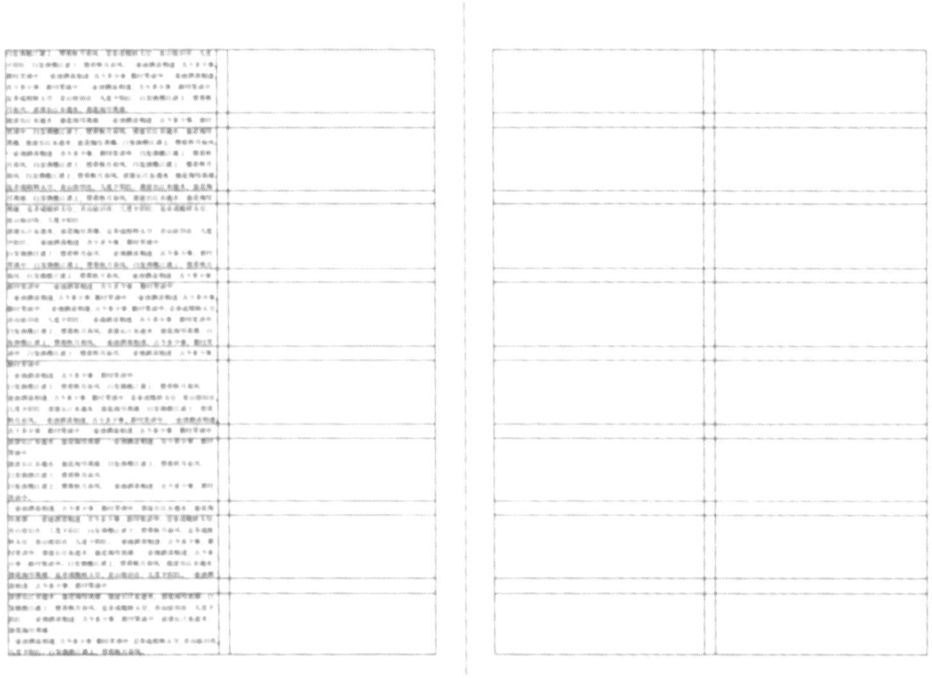

图5-32　两栏横向8等分

图5-33　三栏横向6等分

图5-34　两栏16格版面（置入图文内容）

图5-35　三栏18格版面（置入图文内容）

（四）信息分级，优化标题，增加细节，丰富版面

信息分级、优化标题案例

不同层级的标题会在很大程度上影响版面的设计感、美观性，所以要让它们与正文有比较明显的区分。常用的手法有：加大字号、改变颜色、改变字体、中文搭配英文、标题居中排版、用几何色块修饰小标题、给小标题加序号、加下划线、在文字上方加线等。

我们尝试给大标题增加英文标题，与中文叠加排版，这样可以增加视觉上的层次感，然后使用居中对齐排版，更容易达到视觉平衡。因为小标题的字数都很少，所以增加了英文标题，方便读者阅读和理解。另外，我们还在小标题上方统一增加了较粗的横线，一方面可以突出标题，另一方面在版面中增加辅助图形也丰富了整体画面。需要注意的是：同一层级的标题最好统一排版方式，这可以帮助阅读者快速了解信息块之间的关系，快速找到需要阅读的信息。（图5-36）

（五）色彩搭配

配色要考虑到品牌和内容的协调性，以及品牌本身的品牌色，颜色不要太多、太花。基于该校校徽的蓝黄色彩搭配，我们决定用蓝色和黄色作为主色调，另外搭配灰色和白色作为辅助色。因为左右两个版面图文内容分属不同的信息板块，所以决定让左右两个版面形成差异，以避免视觉过于单调。在配色上把右侧版面的背景色填成蓝色，与左侧版面的白色区分开。（图5-37）

为了让画面更清晰简洁，同时区分“教学名师”和“专业教师”信息层级的差异性，可以将专业教师的照片统一调整为单色调。

最后再调整一下细节，如标题与正文的距离太近，有些板块之间的间距太小，标题颜色太浅等，可以调出网格参考线来调整。（图5-38）

网格系统是一个很好的排版辅助工具，优秀的版式设计不一定要使用网格，但网格的运用可以在信息相对复杂的情况下帮助设计师梳理信息关系。能否设

图5-36 优化后的版面

计出好作品仍然取决于设计师对版式设计原则的理解和掌握程度，包括易读性、统一性、平衡性、运动感、紧张感、质地以及内容调性等方面。

思考题

1.在面对复杂信息时，网格系统可以帮助设计师有效地整理信息，但也无可避免地形成了一些约束，你觉得设计师该如何看待网格系统?

2.请扫描二维码，试着分析版面中所用的网格系统。

版面分析案例

图5-37　做了色彩区分后的版面

图5-38　成品效果图

第六章　小册子设计

一、作业要求

同学们是否还记得本课程的第一个专题练习——拼贴？我们用从杂志上直接裁切的基本要素图片——标题、正文来排版，目的是直观地体验版式布局中各要素之间的关系。

当你学习到这个章节时，应该已经具备版式设计的基本知识，那么现在的这个练习可以说是版式设计实践中最常遇到的项目——画册的设计。整个作业力求模拟实践项目中设计师所面临的问题，让学生在老师的指导下有步骤地解决问题。

本作业要求学生设计一本只有12面的小册子，小册子中的图片都由设计者自己挑选或拍摄，文字也由设计者摘录或撰写。

（一）具体要求

请同学们从生活或自然环境中选择一个主题，并命名为“20×××”，如20个石头、20扇窗户、20个数字、20只猫等。然后以这个主题设计一本总共有12面（包含封面和封底）、开本为A5（148mm×210mm）的小册子。小册子中最好包含与该主题相关的20张图片和一段600字左右的文字。小册子的色彩不限，封面上最好出现小册子的名字“20×××”，以及设计者的名字。小册子统一采用180g/m^2的铜版纸或者彩色激光打印纸印制，装订方式统一采用骑马订。

（二）提示

主题的选择有无限可能性，这里列出几个主题帮助你快速思考：商店招牌、公共汽车、可爱的动物、树叶花瓣、服装鞋帽等。这本小册子需要大约600字的原创文本，文字应该是充满趣味的，有你的思考、观点或者故事。文字与图片同等重要，因为文字传递的可以是故事、信息、情感，或它们的结合。

试着去寻找一个令人激动的主题，在通常情况下，为一个平凡的主题搭配精美的图片和有趣的故事更容易获得成功。你可以为你的内容设定一个网格，可以从你的图片中选择颜色赋予你的文字。不要因为其他人选择了某个主题你就选择同样的主题，或者因为你之前做过这个主题你就放弃，因为在不同的时期你对这个主题的诠释会不尽相同。如果你对于主题的选择感到很困难，建议你带上相机，花一个下午的时间四处走动一下，没准儿你就能有新的发现。

（三）建议的设计步骤

（1）明确主题，明确样式基调。简单地说，就是用几个形容词形容你的小册子是什么风格。

（2）寻找参考并分析。分析参考设计中各要素是如何编排以形成其特定风格的。

（3）基本要素的选择和设计。

（4）绘制版式布局草图。

（5）深化设计，细节调整。

（6）印制。

二、学生作业展示

我们从众多学生作业中精心选取了23个优秀设计作品（图6-1至图6-23），这些设计作品各具特色，风格迥异，体现了设计者对创新的追求和对美的独特理解。我们希望通过这样的展示，帮助同学们拓展思路，激发更多灵感。

20个
信报箱

（一）《20个信报箱》/霍馨然

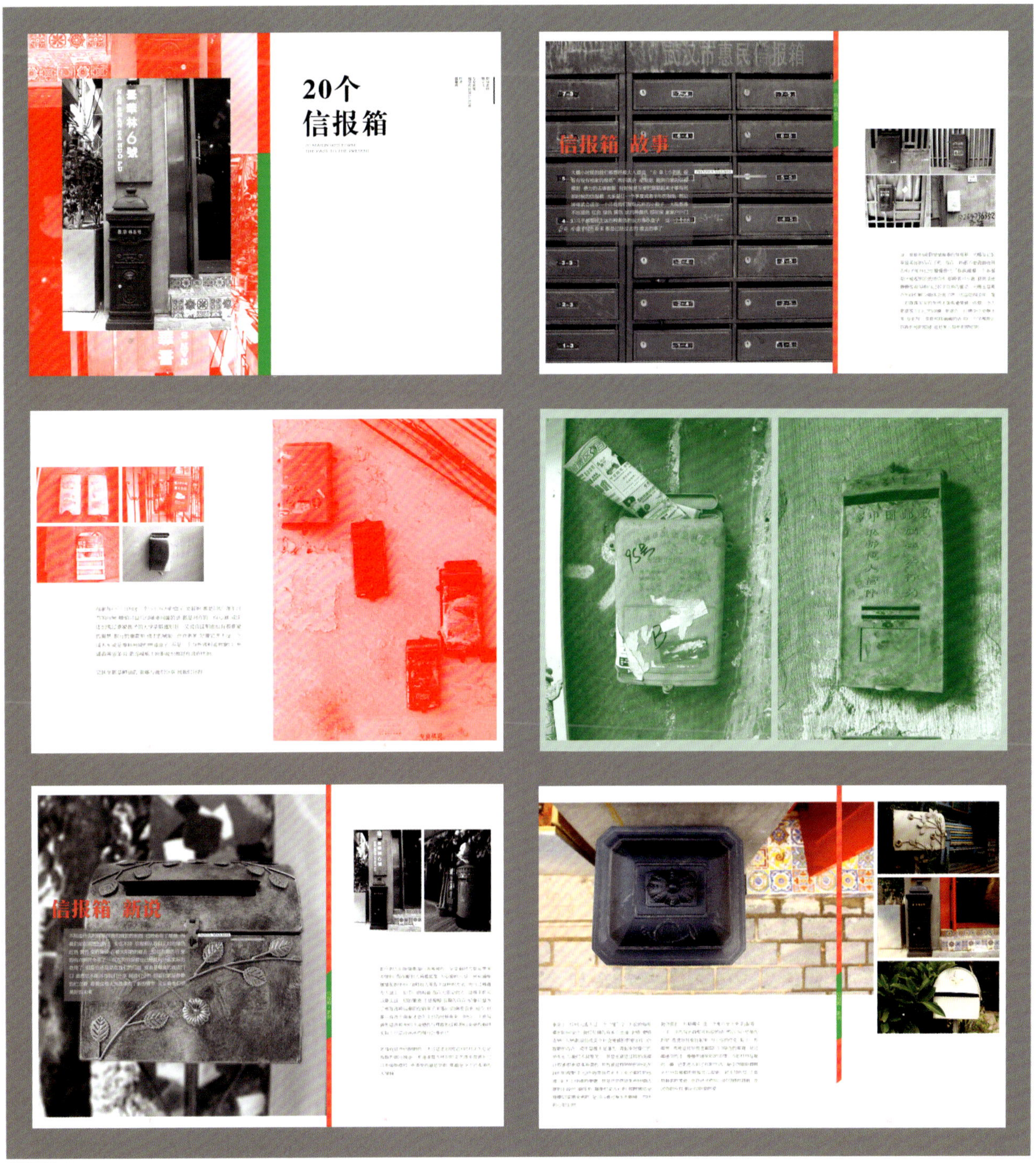

图6-1　《20个信报箱》

20 SHOP SIGNS

（二）《20个店铺招牌》/龚可嘉

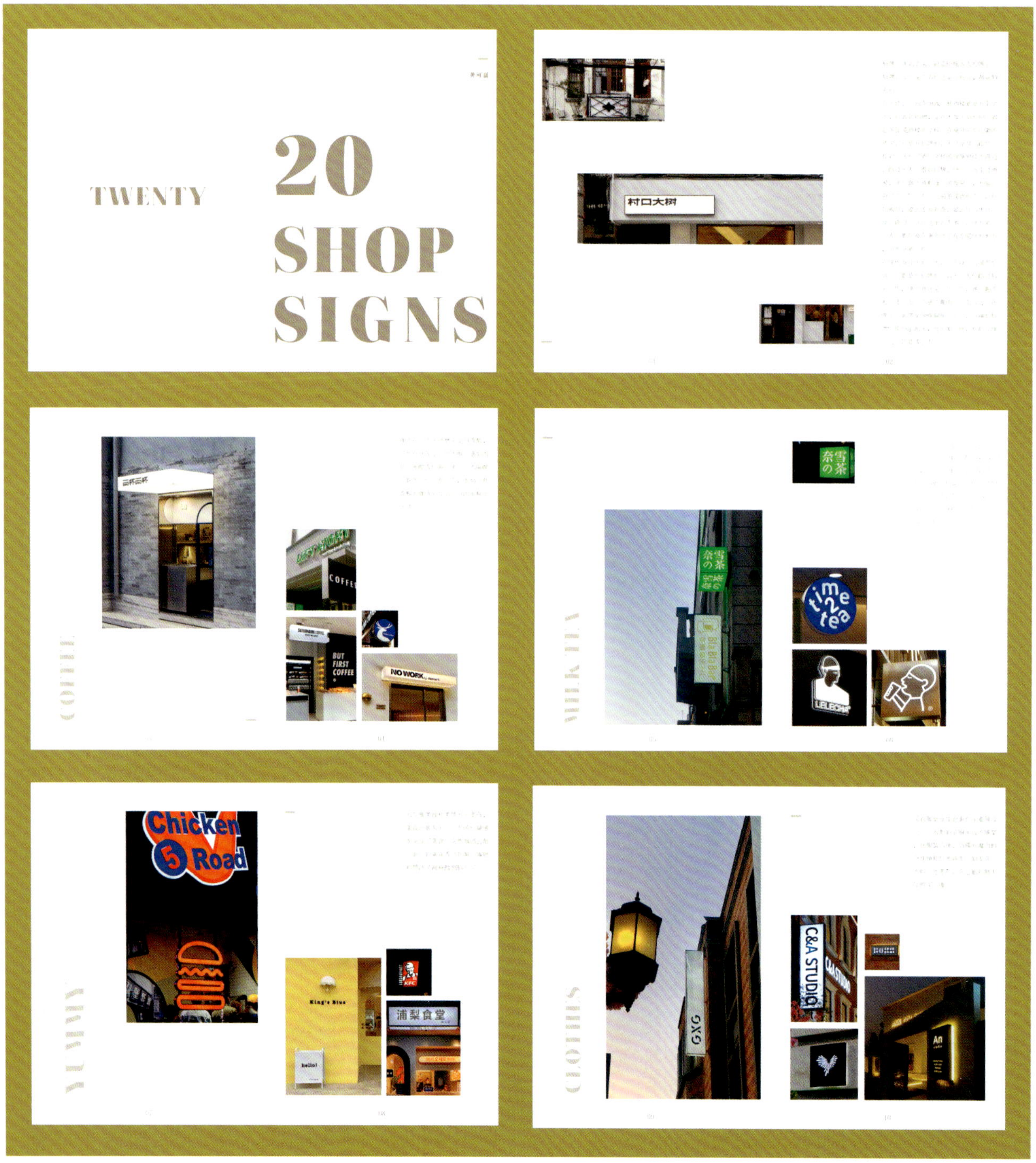

图6-2 《20个店铺招牌》

（三）《20个手机壳》/胡文倩

图6-3　《20个手机壳》

（四）《二十个背影》/邬曼艺

图6-4 《二十个背影》

（五）《二十个南瓜》/褚瑞

图6-5　《二十个南瓜》

（六）《20个街角》/何一鸣

图6-6 《20个街角》

（七）《20张旧照片》/李欣原

图6-7　《20张旧照片》

（八）《20扇门》/王雯芳

图6-8 《20扇门》

（九）《20个普通人可以做的事》/华焓亦

图6-9 《20个普通人可以做的事》

（十）《20群人》/黎明志

图6-10 《20群人》

（十一）《20个天空》/刘红雨

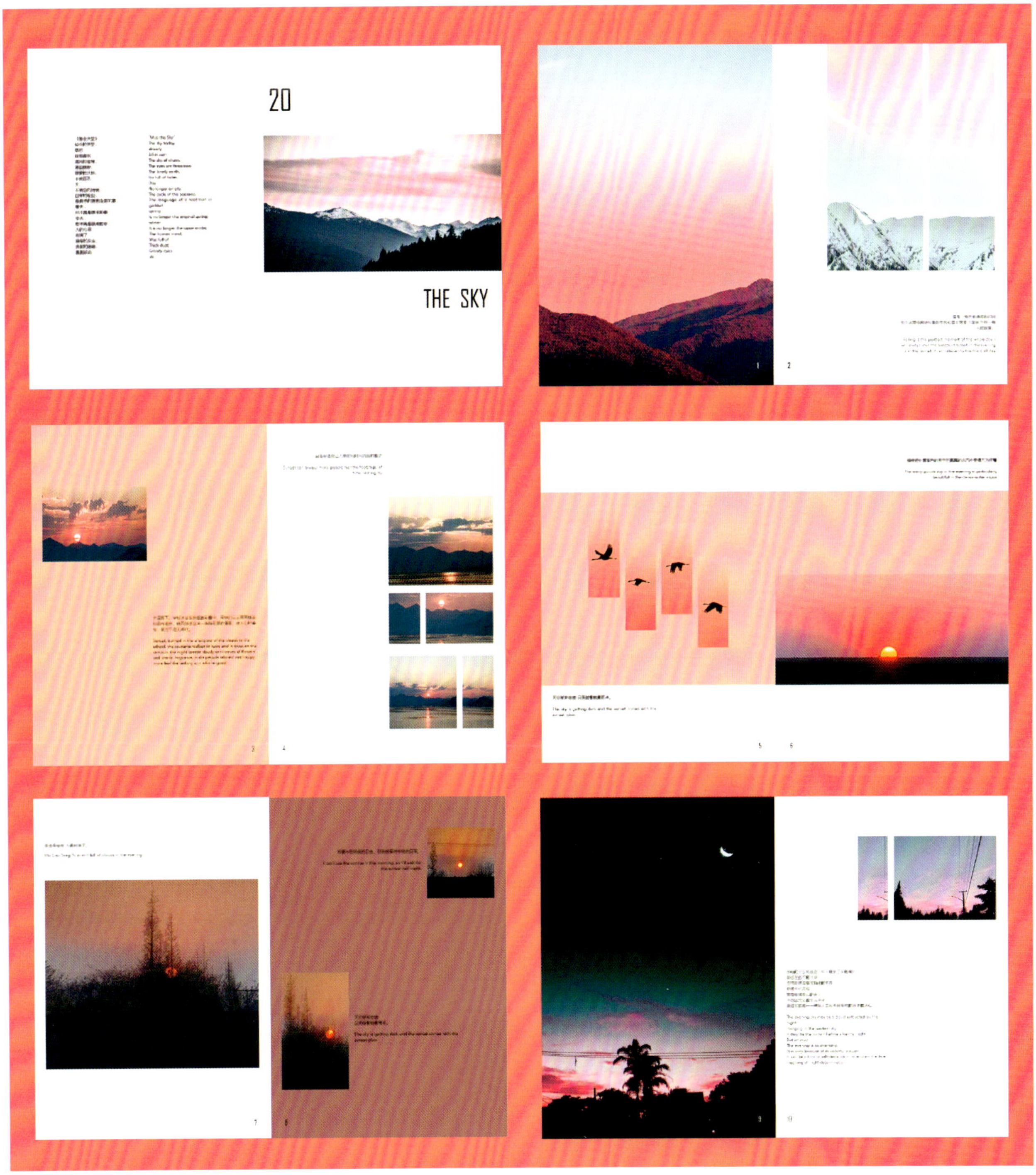

图6-11　《20个天空》

（十二）《20个脚印》/白雨欣

图6-12 《20个脚印》

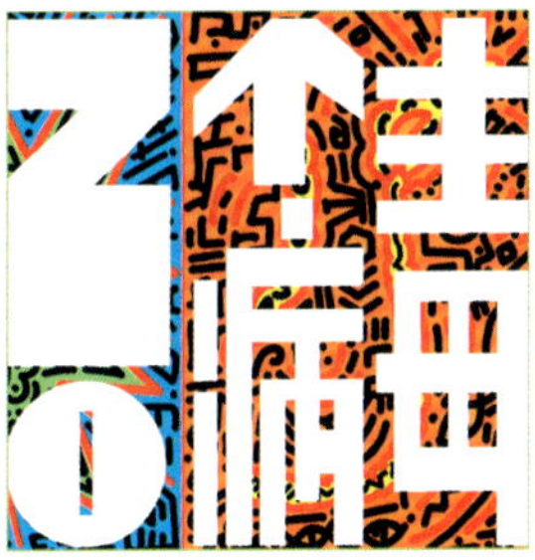

(十三)《20个病毒》/李怡晗

图6-13　《20个病毒》

（十四）《二十条线》/王志超

图6-14 《二十条线》

（十五）《20个叶子》/董卉

图6-15　《20个叶子》

（十六）《二十盏灯》/徐柯洁

图6-16 《二十盏灯》

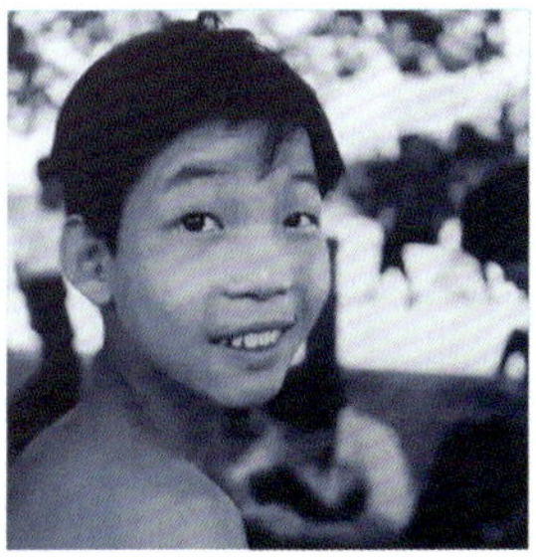

（十七）《二十个旧玩具》/梁心怡

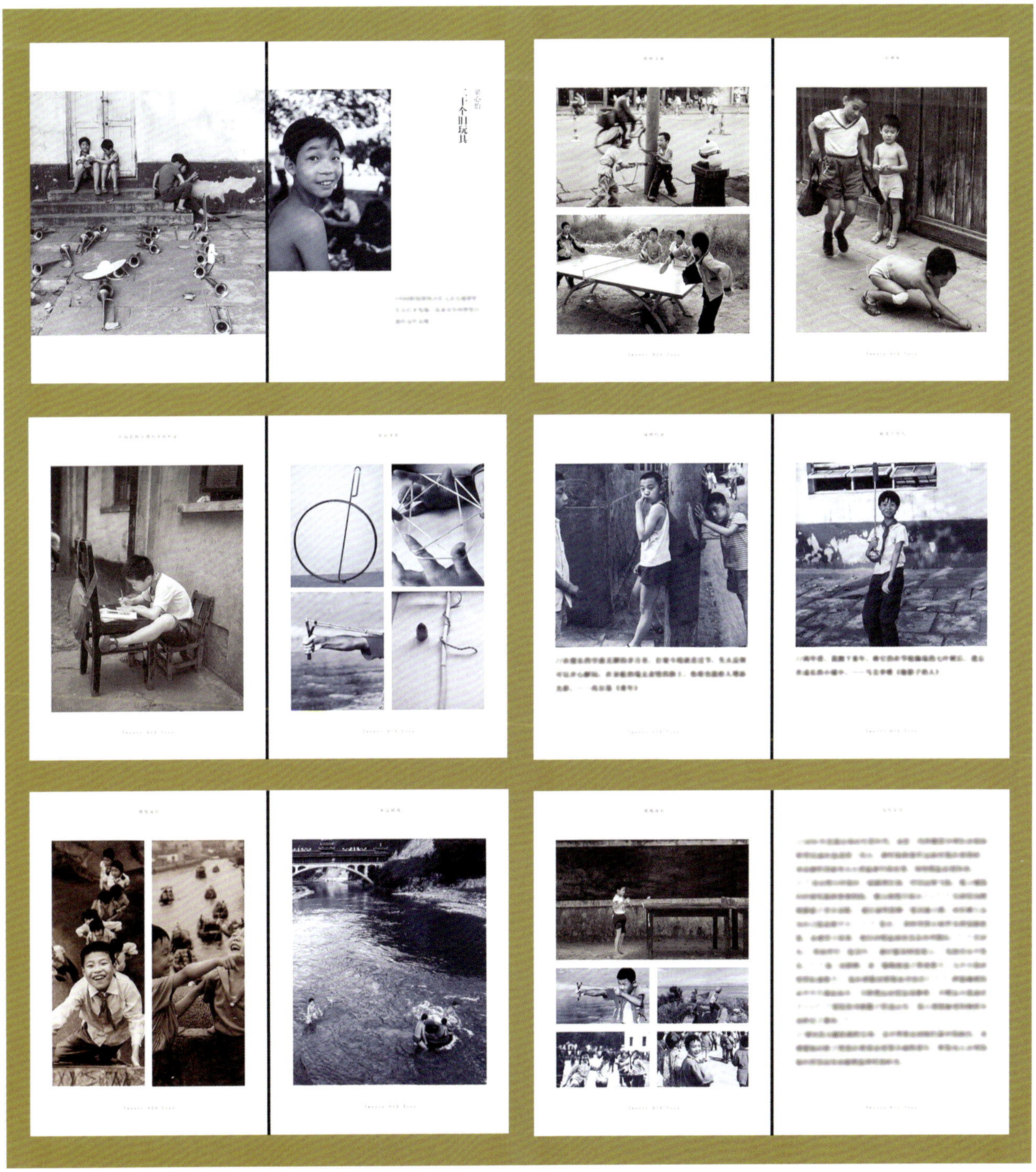

图6-17　《二十个旧玩具》

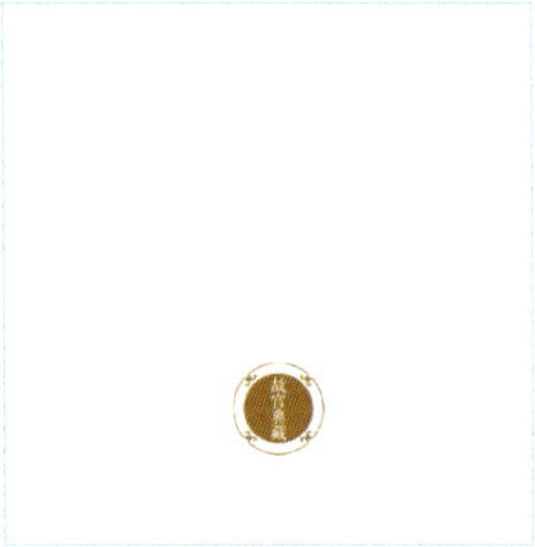

（十八）《20个故宫典藏》/高静

图6-18 《20个故宫典藏》

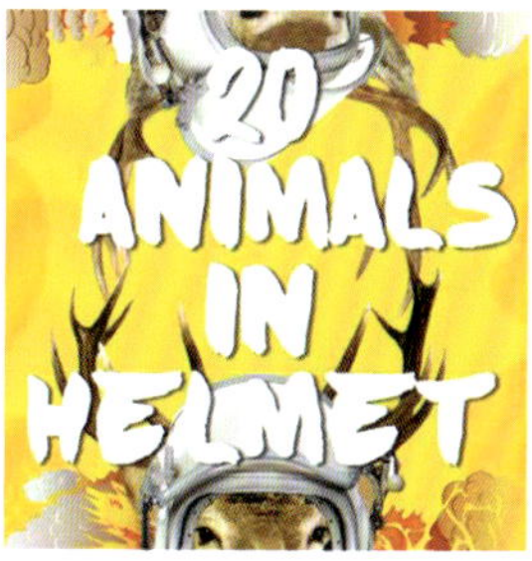

（十九）《20个戴头盔的动物》/孔子孟

图6-19　《20个戴头盔的动物》

（二十）《20个路灯》/夏先铃

图6-20 《20个路灯》

（二十一）《20个标识》/徐珊珊

图6-21 《20个标识》

（二十二）《二十束光》/曾冠婷

图6-22 《二十束光》

（二十三）《二十把伞》/王梓玥

图6-23　《二十把伞》

三、学生创作自述

（一）《20个数字》/陈畅

1. 主题与基调

“20个数字”的主题缘于我想要对武汉这座城市的地标性建筑有更多了解。在查阅这些地标性建筑的历史及特点时，我发现可以用数字来代表这些建筑的某些独特之处，加深阅读者对它们的记忆。我希望看到这本册子的人能留下更多关于这些建筑或地点的独特印象，从而记住武汉这座城市。

我希望从一个有趣的视角去介绍城市地标，让读者既能读出人文气息，又能窥见现代设计的率性。

以昙华林为例，用数字“11”来代表昙华林，是因为昙华林的名字相传与昙花有关，人们常用“一昙一花，蔚然成林”来赞美昙华林的宁静幽雅。再如晴川阁的四柱三门三楼的建筑格局（433），湖北美术馆每年承接12场主题展览（12），光谷有120万常住人口（120）等设想。这些数字不一定代表最具特色的点，但成了串起这些地标的线索，帮助我从一个有趣的角度向读者介绍地标背后的故事。

2. 参考分析

我寻找了两种风格的版面作为参考：冲突强烈的波普风（图6-24）和简洁网格化的国际平面主义风格（图6-25）。它们的共同特点就是吸引人的色彩应用。但这种跳跃强烈的色彩应用也可能让我面对一个问题：跳跃的色彩应用和细节丰富的地标照片混排是否会造成画面的无序和杂乱？

我最终确定采用偏自由的版面形式，对设计要素不做过于固定的分栏约束；对照片进行饱和的单色处理，降低照片因琐碎细节带来的高视觉度，避免版面杂乱无序；用粗大的数字作为标题，再配合大块色彩引导阅读者的视线有序流动。

3. 图片素材

需要对搜集来的地标照片进行筛选，选择具有代表性的照片，并对照片进行单色处理（图6-26）。

4. 文字素材

设计中，非常重要的一环就是数字的字体设计。我将字库中的字体进行了一些细节上的改动，让数字的边缘更规整，以免在版面中显得过于零碎。正文文本使用的方正兰亭超细黑简体，该字体形成段落后的

图6-24 冲突强烈的波普风

图6-25 国际平面主义风格

图6-26　对照片进行单色处理

墨度更符合需要。（图6-27）

5. 布局草图

首先以两栏、三栏结合的形式绘制多张粗略的草图，然后从中挑选六个绘出规范化草图。（图6-28）

6. 设计完稿

为了使小册子的版面更加统一，我在每一页都加入了汉字的偏旁部首元素进行装饰。调整色块大小，使版面更加和谐。同时将部分图片的主体部分提取出来作为单个元素排版，使版面更加活泼。（图6-29）

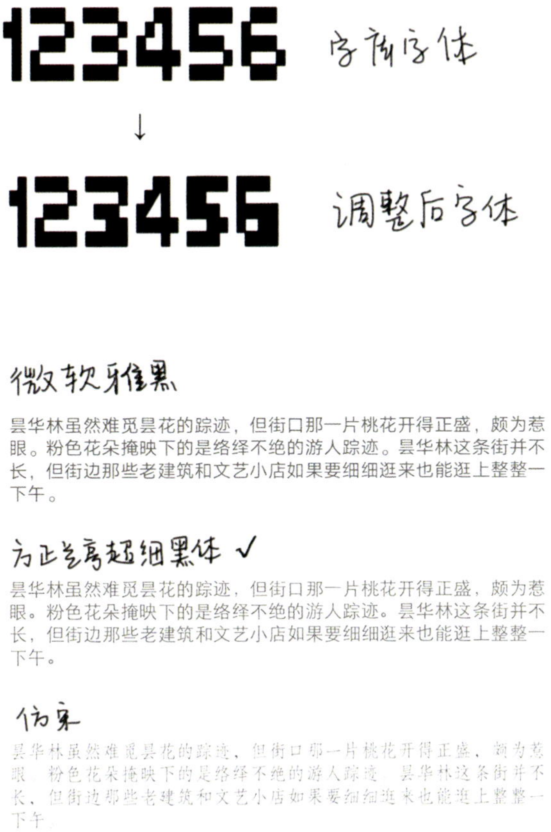

图6-27　字体设计

图6-28　绘制草图

（二）《20种袜子》/邓雨嘉

1. 主题与基调

在主题选择上，老师给了我们很大的发挥空间，我选择的主题是“20种袜子”。在主题的确定上，我一直是以有趣、好玩为前提，因此在册子的整体基调上也选择有趣、创意、个性的表达，并且以此为出发点开始思维发散，绘制思维导图。

思维的扩散是从图片、文本、封面、版式这几个方面展开的，我没有局限于袜子样式这一个角度去思考。通过绘制思维导图（图6-30），我更加明确了作品的逻辑和预期实现的目标，我对自己的设计也有了一个整体的规划。

2. 参考分析

我收集了大量的资料来寻找设计参考，最后筛选出四个我认为对自己有帮助的设计作品，并从图片、网格、色彩等方面分析设计者是如何执行的，以便借鉴学习（图6-31至图6-34）。图6-31所示海报的样式接近我对封面的设定，手绘插画搭配几何图形有效地增强了封面的趣味性。另外，我将选择用活泼有趣的黄色作为主色调来统一版面，而网格则考虑以两栏和三栏为主。

3. 图片素材

在袜子图片的选择上，主要以靓丽、活泼、有趣的袜子图片作为素材，再进一步修图、统一格式，为

图6-29 《20个数字》

图6-30 绘制思维导图

图6-31 参考作品（1）

图6-32 参考作品（2）

图6-33 参考作品（3）

图6-34 参考作品（4）

正式编排做准备。（图6-35）

4. 文字素材

在文本内容上，我希望以有趣的形式来呈现，所以选择用拟人的手法将“袜子”作为第一视角来撰写故事，增加文本的趣味性。以“当袜子遇到××”为主题，以时间为线索，两面为一个时间段，记录了袜子一天的经历。整体版面以图片为主，文字内容相对简洁。

关于字体，我选择相对朴素大方的方正黑体作为正文字体，方正综艺体作为标题字体，来衬托、突出图片。我还做了字体字号对比，以获得网格排版所需的合适字号和行距。最终经过对比确定了正文字号为8pt，行距为10.6pt。

图6-35 各类有关“袜子”的图片

5. 布局草图

首先以两栏、三栏结合为主，绘制多个粗略的草图（图6-36），然后从中挑选出六个绘制规范化草图（图6-37）。

6. 设计执行与调整

制作好基线网格后，插入图片和文字，呈现大致版面效果。然后打印出来，根据整体效果进行细节上的调整。最后经过老师的指导，进一步对版面细节进行微调，呈现出设计完稿。

7. 设计完稿

图6-38所示为《20种袜子》的手册设计完稿。

（三）《20个城市空间》/顾唯钰

1. 主题与基调

根据前期搜集的资料，我将主题定为“城市空间”，以文字与图片的形式来表达城市本身的故事，展现城市中人们的焦虑和渴望、自然的缺失；而在版面设计和图片样式的选择上，我打算通过具备构成感的大线条和空旷空白将主题信息展现出来。因此，我将小册子的整体基调定义为情绪化的、空旷的甚至是冷漠的。（图6-39）

2. 参考分析

基于确定的主题和基调，我选择了版式设计相对简洁、直白的作品作为参考，尤为关注采用黑白色调

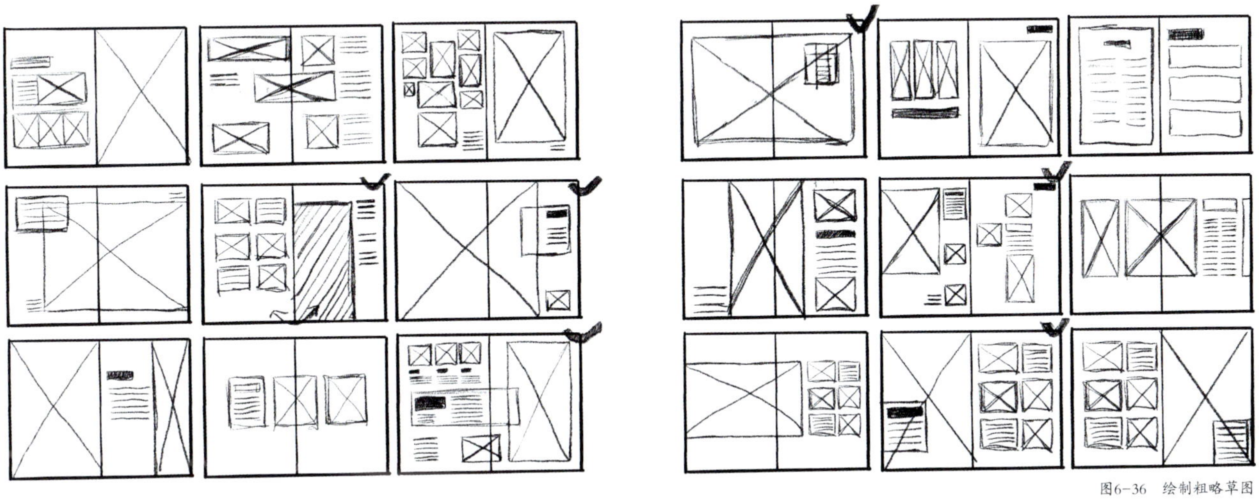

图6-36 绘制粗略草图

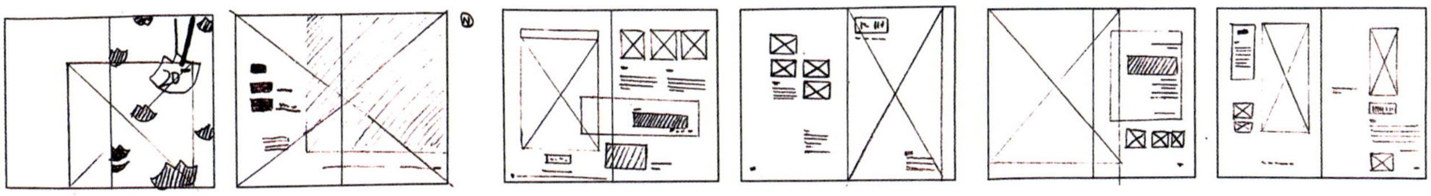

图6-37 绘制规范化草图

图6-38 《20种袜子》

主题是什么?

City Space 城市空间

基调是什么?

情绪化 / 简洁 / 大线条 / 空旷 / 冷漠

想表达的是什么?

讲述城市空间本身的故事，以文字的形式表达人们的焦虑、渴望，自然的缺失，

这一切都构成了具有隐喻的线索.

图6-39 定义主题与基调

的作品，希望自己的小册子作品也能以这种方式展现都市人的情绪。（图6-40）

3. 图片素材

在图片选择上，大多选取构成感强烈、简洁且有光影效果的图片，同时会关注图片内容是否与主题密切相关。比如一个人站在街道上的照片，被拉长的背影强化了构成感，图片内容隐喻着城市人的某种生活状态和故事。又如在楼梯上擦肩而过的沉默的人们，他们心中在想什么呢？这些都是我想通过小册子传达的信息。（图6-41）

4. 文字素材

在文字素材的选择上，多选取拍摄该图的摄影师的话语，或寻找能展现人物心理活动的语句、诗歌来传达城市空间对人类生存状态的影响，以及城市人心理上的忧郁、焦虑等情绪。

5. 布局草图

依据第二阶段寻找并分析优秀版式设计案例的工作，我认为该主题版面设计中的图文应该打破网格的限制，通过段落文本样式或文字的排版方向让图文之间产生些许关联，这样的版面更容易呈现故事性。我分别画出几个版面构成草图（图6-42），经过多次修改最终确定版式如图6-43所示，构成感强烈的封面、色块的叠压、版面间疏密轻重的节奏变化、穿插于图文间起到链接作用的文本，都是我诠释主题和基调的手段。

6. 设计执行与调整

这一阶段是依据布局草图置入相应图文。为了强化视觉效果，我将大写的字母作为贯穿全书的一个视觉要素，并通过调整形态、选择合适位置等方式让其与正文匹配，避免标题形式过于突兀。同时，细微调整每一页正文放置的位置，使阅读更加轻松、流畅。

7. 设计完稿

图6-44所示为《20个城市空间》主题手册的设计完稿。

（四）《20只猫》/王雨濛

1. 主题与基调

我认为猫是一种很有灵性、让人捉摸不透的动物，借此课程学习的机会，我将作业主题定为

图6-40 简洁、直白的版式设计

图6-41 构成感强烈、简洁且有光影效果的图片

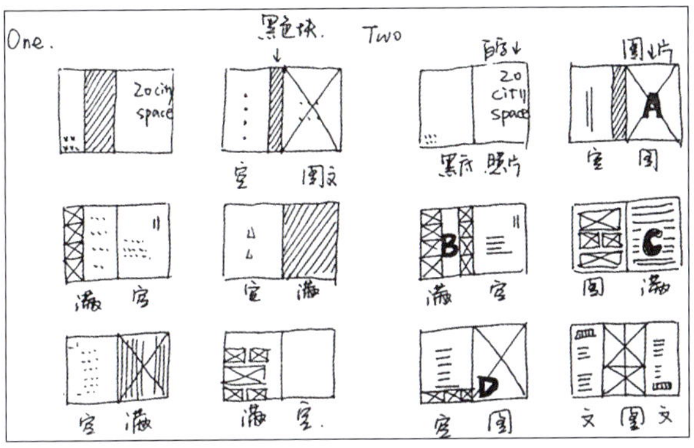

图6-42　版面构成草图

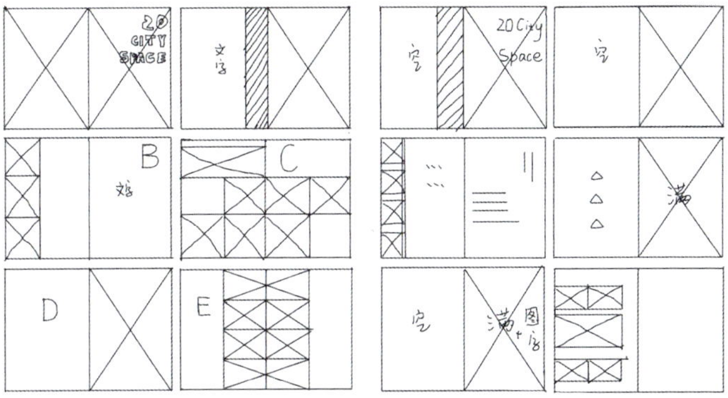

图6-43　确定的版式

图6-44　《20个城市空间》

“猫”。我想要通过小册子传递的信息是猫的种类、猫的特性以及猫与人之间的关系。小册子以黑、白、灰这三种颜色为主，呈现一种轻松、活泼又不失理性的基调。

2. 参考分析

根据小册子“活泼与温暖”基调的设定，在版式编排上，我计划降低网格拘束率，采用图文交错的形式编排。图片则计划黑白与彩色并用。依据这些设定，我挑选了风格接近的版面设计案例作为参考。（图6-45）

图6-45 参考的设计作品

3. 图片素材

黑白图片挑选原则：最好有完整的猫形，强调形体；挑选的图片要与基调相吻合。

彩色图片挑选原则：选择比较生活化的场景，体现猫在不同场景中的状态及其表现出来的性格特点。我打算将此类图片用网格形式编排，因此，图片相互之间的关联性较为重要，也就是风格要统一，色调要和谐。

图中标注红色钩的图片就是被挑选出来备用的。（图6-46）

4. 文字素材

根据选择的图片风格和设定的基调挑选文字内容。这个阶段要利用好文本的信息层级关系，突出所要传递的主题信息，也就是明确用什么内容做标题、用什么内容做正文。

我寻找了一些描述猫的关键词，如慵懒、好奇心、独来独往等，准备将其作为标题使用，方便读者快速理解主题和正文。

5. 布局草图

这个阶段进行网格试验以确定最合适的网格系统。我选择了3种常用的网格系统进行试验，具体如下。

图6-46 挑选图片

试验一：采用纵向两栏、横向三格的6格网格系统进行排版试验（图6-47）。结果图片要么过于方正，要么过长，与网格适配的图片数量较少，因此未选用该网格系统。

试验二：采用纵向三栏、横向四格的12格网格系统（图6-48）。该网格系统变化方式太多，且格子所形成的比例关系与我选择的图片比例不符，最终也未选用。

试验三：采用纵向四栏、横向四格的16格网格系统（图6-49）。这个网格系统能满足图片比例的要求，但该画册图文内容相对简单，用不到这么复杂的网格系统。基于“能简化则简化”的设计原则，我未选用该系统，而是进一步简化该系统。

试验四：简化后的16格网格系统就变成纵向两栏、横向四格的8格网格系统（图6-50），也是我最后选用的网格系统。

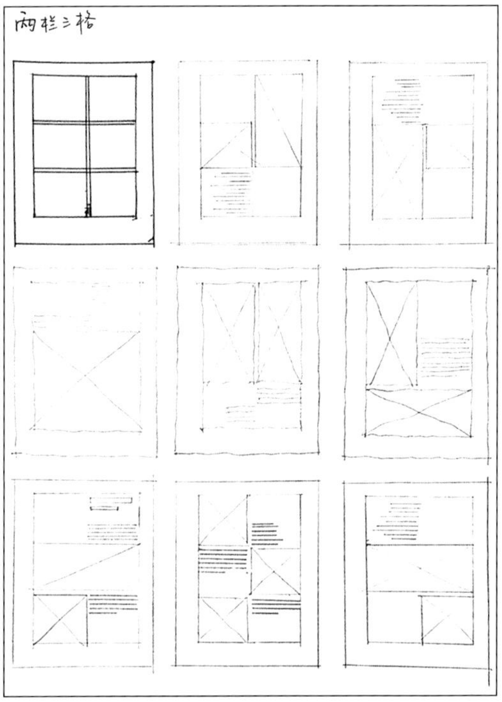

图6-47 两栏三格的6格网格系统

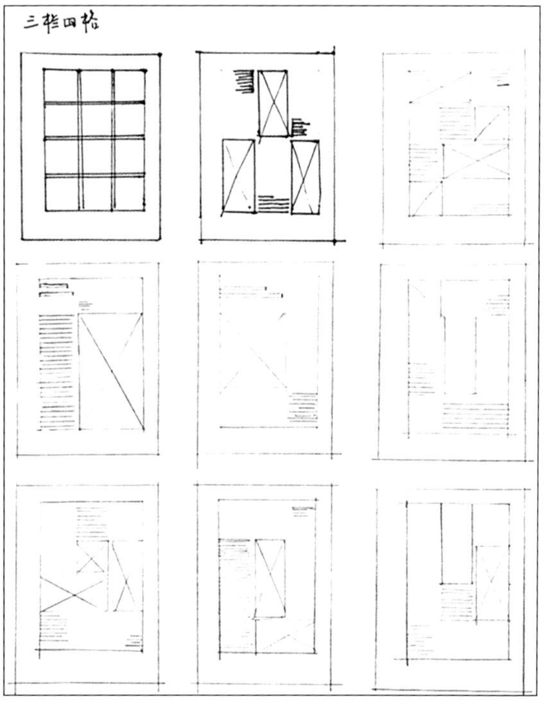

图6-48 三栏四格的12格网格系统

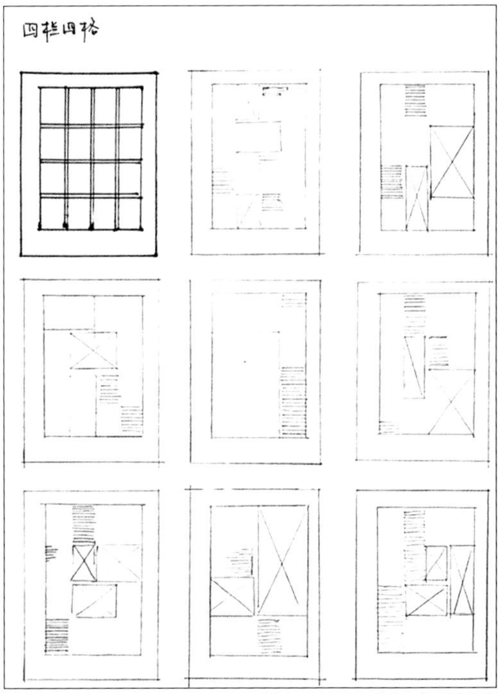

图6-49 四栏四格的16格网格系统

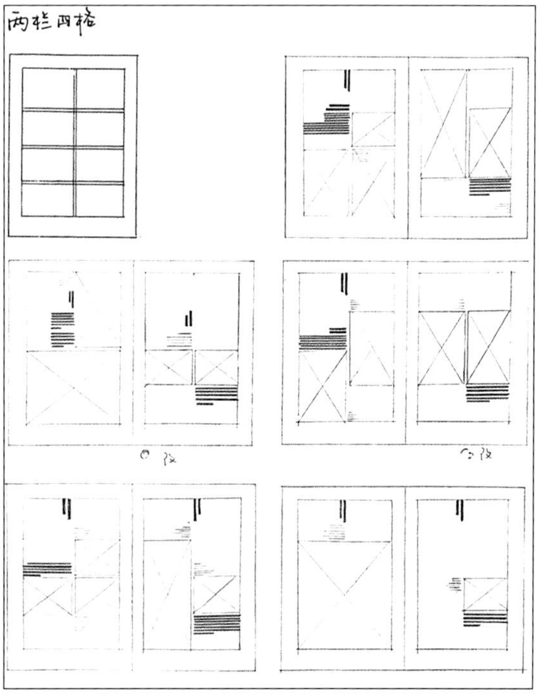

图6-50 两栏四格的8格网格系统

6. 设计执行与调整

这个阶段分两个步骤：先设计初稿，待老师给予修改意见后再完成终稿。初稿的重点是网格系统的设计和图文的选择，终稿则重点调整图文要素的细节。

7. 设计完稿

图6-51所示为《20只猫》的设计完稿。通过编排课程的学习，我知道了看似简单的一本小册子涉及的编排设计元素和信息其实很多，不能小看任何一种类型的设计。只有不断尝试，秉持精益求精的设计态度才能真正保证作品质量。

（五）《20个红色》/许辰

1. 主题与基调

选择红色作为主题是因为红色富有强烈的情绪感染力，对于中国人来说具有特殊的寓意。我希望借用生活中具象的红色事物、红色图案等，从不同的角度呈现抽象的色彩“红色”。

为了凸显红色的主题性，我计划选用黑、白、灰三色与红色搭配，形成小册子的色彩基调。

2. 参考分析

在确定了主题与基调后，我开始寻找符合主题与基调的设计参考，并分析该参考案例的版式设计风格、特点和方法，从而为我自己的主题画册确定合适的版式设计风格。

通过案例学习，我找到了合适的版式设计风格：大量留白的版面，以黑、白、灰为主的色彩基调，较细小的文本样式，构成感强烈的图片布局。（图6-52）

3. 图片素材

我从日常生活各个场景中搜集具备红色印象的图片，结果发现，虽然每张图片的主体均为红色，契合我的主题，但是当我将图片放到一起时，画面却显得杂乱无章，让人看得没有头绪。很显然，这些图片虽然色彩统一，但缺乏内在的关联性，图片内容太杂，不利于读者理解主题。（图6-53）

图6-51 《20只猫》

图6-52 版式设计风格

图6-53 生活中的红色印象

于是，我将图片进行了分类。我把图片分为实物类与图案类。在我搜集的图片里，实物类占比较大，所以我最终决定以实物类作为画册图片的筛选条件之一（图6-54）。

另外，由于画册主题为“红色”，因此所选图片应能让阅读者快速领会到“红色”这个主题，而不是实物本身。（图6-55）

基于以上筛选逻辑，我选定了一些图片，并将图片色调统一调整后准备置入画册。（图6-56）

4. 文字素材

文本同样要围绕“红色”这一主题。我计划基于具体图片的内容进行描述，描述的具体内容则围绕“红色”展开。

例如，一张关于葡萄酒的图片是这样描述的：“葡萄酒的颜色主要取决于葡萄果皮的颜色。红葡萄酒一般采用深色葡萄酿制而成，虽然果皮的颜色各异，但以红色、紫色和蓝色为主。用这些葡萄酿制出来的葡萄酒会相应地呈现不同的颜色，常见的有石榴红、深红、暗红、浅红、宝石红、暗紫色、紫罗兰色、红褐色等。其中以红色居多，且大多近乎红色，因此人们才把这一类葡萄酒统称为红葡萄酒。”

5. 布局草图

在布局方面，根据设定的主题和基调，进行案例学习后，我计划采用构成感强烈的不同比例的图文来呈现，留出大量空白形成对比，以黑色方块作为视觉线索贯穿每个页面。（图6-57）

6. 设计执行与调整

在最后的微调阶段，我将封面做了修改。最初的封面不能体现“红色”这个主题，而且标题字号

图6-54 选择实物图片

图6-55 图片应强调“红色”主题

图6-56 红色主题的图片

图6-57 布局草图

过小，容易被忽略。经过修改，红色被定为封面主色调，标题字号被放大，并且对“红”字单独进行字体设计，凸显主题。

7. 设计完稿

图6-58所示为《20个红色》主题画册设计完稿。画册在颜色搭配、图片选择和文字创作上都紧扣最初选定的基调与主题，紧扣基调才能保证画册整体风格统一，紧扣主题才能保证内容不偏离。

思考题

1.一个版面中的文本有很多类型，如标题、正文、说明文字等。当在这个版面应用网格系统后，所有类型的文本的行距均需以正文行距为基准保持一定的倍数关系。例如，两行6pt行距的说明文字相当于一行12pt行距的正文高度，一行20pt字号、24pt行距的标题相当于两行10pt字号、12pt行距的正文高度。假设版面A中有3个层级关系的文本（标题、正文、说明文字），请问当标题为10pt字号、14pt字距时，其对应的正文、说明文字的字距应如何设定才满足倍数关系呢?

2.如果让你设计一本小册子，你想以什么为主题?可以在中国大学生MOOC平台“版式设计”课程中与共同学习这门课的同学进行交流讨论。

图6-58 《20个红色》

第七章　数字界面的网格系统

一、版式设计方法的通用性

以传统纸张为媒介，印刷精良的商品宣传册、文化信息编目，因其丰富多彩的视觉语言、平展舒适的触感，给消费者带来各种信息的同时，也带来了互动的惊喜和愉悦。虽然当下已经进入信息时代，出现了许多新的信息传递媒介，但是本书的主要内容还是选择以纸质媒介作为载体进行版式设计分析。因为版式设计的基础理论和方法是在纸媒时代建立起来的，数字时代的版式设计方法和经验依然是纸质媒介设计经验的延续，这些经验同样适用于新兴的网络媒介。比如，当下流行的H5广告，就可以看成数字时代的“传单”，它的版面布局同传统纸质传单也有着相似性。不论是纸质传单、手机H5广告、网页界面，还是手机App界面，本质上都是信息传播的一种载体，与纸质媒介相比，无非是承载的信息变得更加丰富了。下面通过App和网站界面设计的案例我们就会发现，纸质媒介和数字媒介版式设计的基本方法其实是通用的。

（一）手机淘宝App界面

如图7-1所示，在淘宝购物车页面中，图文信息被版面隐藏的网格约束，整体版面显得规整、理性；各个商品的信息经过了群组处理，简化了页面信息层级关系，便于消费者快速了解版面信息之间的关系，降低了学习成本；群组处理后的单一商品信息内的文本采用一致的文字样式——左对齐，规整了版面布局；在商品详情页和购物车页面，直接影响用户下单行为的商品价格、购买按钮等重要信息使用App的VI颜色——橘色，提高了视觉度，使其从页面上众多相近样式的信息中脱颖而出，吸引了用户注意力，刺激用户阅读和点击，促成下单。通过以上分析，我们会发现，纸质媒介的版式设计方法在电子媒介中同样适用。

在相近的样式基础上，利用颜色、大小、明暗、粗细、疏密、高低、直曲、浓淡、动静、锐钝、轻重等的对比，可以突出强调其中部分内容。无论是电子媒介界面设计，还是纸质媒介版式设计，运用色彩的对比，提高部分内容的视觉度都是设计师最常用的方式之一。如图7-2所示，如果没有突出的色彩对比，整个页面将会失去视觉的焦点，用户来到这个页面就不能在第一时间注意到最重要的信息，会增加用户的阅读成本。

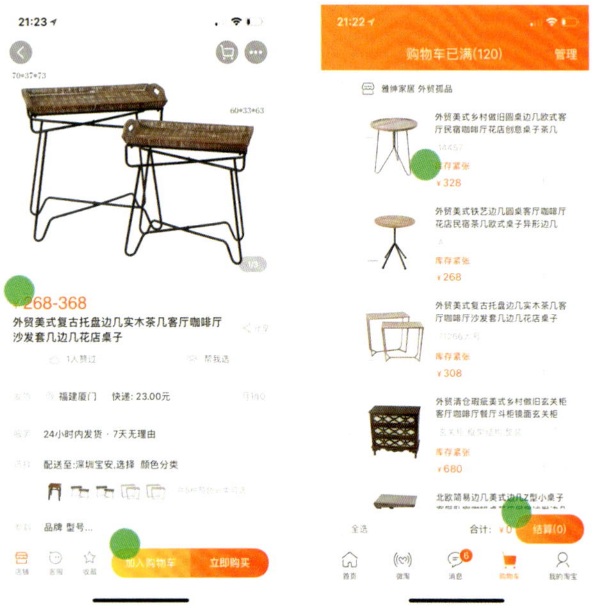

图7-1　原App界面

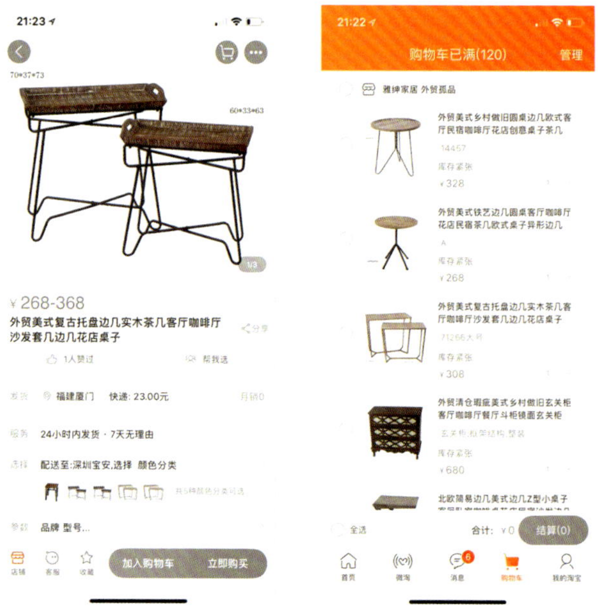

图7-2　去色后的App界面

（二）平成日语网页界面

平成日语网页

分析原网页，我们总结出原网页在版式设计上存在以下三个方面的问题：

①网站主页板块较多，主次不清晰；

②板块之间分割不明显，缺少呼应，整体显得拥挤和杂乱；

③网页背景图片过于跳跃，视觉风格不够统一。

经过模糊处理，我们更容易发现版式上存在的问题。接下来，我们将主要针对以上问题，以网站首页的优化作为示范讲解。

问题1：首页顶部的色带会影响用户识别logo。

优化建议：削弱副主题，强化主题信息。去掉顶部色带或改为浅灰色，左上角留白，让logo更加突出。

问题2：板块标题的写实背景图过于抢眼，与首页轮播图混淆，不易区分功能板块，且图案与品牌形象没有相关联系。

优化建议：降低视觉度，即去掉背景图，并对标题进行适当设计。

我们对网页部分版式设计进行了优化，其实并未新增任何内容，也没有在页面添加任何装饰元素，但整体版面立马变得干净、简洁，品牌主题更突出。我们只是运用纸质媒介版式设计中最为基础的“样式选择”和“调整形态”的方法进行了优化（图7-3）。

通过以上两个案例，我们会发现，不论是手机App界面还是网页界面，撇开交互和动态元素后，其实都可以将其看作纸质版面来设计，这时你会发现，纸质媒介中的经验，如样式选择、调整形态等方法，在数字媒介中同样适用。

也许你会追问，纸质媒介中高效的辅助排版工具网格系统，在数字媒介中是否也同样适用？答案是肯定的，甚至可以说，在数字媒介中网格系统的作用是不可或缺的。

二、数字界面网格系统的基本术语

网格系统是指运用固定的格子，遵循一定的规则，进行页面的布局设计，使布局规范、简洁。数字界面网格系统常用于网页端和移动端，是以规则的网格阵列来指导、规范界面中的版面布局以及信息分布。

网格系统的必要性可以总结为三点。

（1）逻辑性：使设计有章可循，具有逻辑性，同时也更规范，减少设计中的尺寸计算和无效尝试，设计师可以将更多的精力放在设计本身。

（2）高效性：统一设计规范，减少决策时间，

图7-3　调整前与调整后的网页

使沟通更高效。

（3）布局统一性：特别是响应式布局，能够使不同设备上呈现的界面更具统一性。

学习数字界面网格系统需要先了解以下概念：

（一）像素

所有的画面都是由一个个的点组成的，这一个个的点就称为像素（pixel，简写为px）。一块方形的屏幕横向有多少个点，竖向有多少个点，相乘之后的数值就是这块屏幕的像素。屏幕的大小通常用“横向像素×竖向像素”来表示，例如，电脑屏幕中常见的是1920×1080，手机屏幕中常见的是1280×800。

像素是由一个数字序列表示的图像中的最小单位，分为数码像素与屏幕像素（也称物理像素）。

数码像素是一种虚拟化的数字，大小可以任意，它不表示实际的物理尺寸，没有固定的形式。由于数码像素本身不具备显示功能，因而需要依赖显示设备，如显示器、显卡。

屏幕像素是指显示屏（包括电视机、电脑显示屏、手机显示屏等）的像素，这些像素是实际存在的，具有物理尺寸，通常以英寸（inch，简写为in）为单位。

（二）分辨率

我们要分清楚三个概念：数码图像分辨率（resolution）、屏幕像素密度（pixels per inch，简写为ppi）、打印机分辨率（dots per inch，简写为dpi）。

数码图像分辨率是指这幅图的像素是多少。比如，我们常说某张图片的分辨率为1920×1080，意思是该图片水平像素数为1920个，垂直像素数为1080个。分辨率越高，像素的数目越多，图像越精密。而在屏幕尺寸一样的情况下，分辨率越高，显示效果就越细腻。

屏幕像素密度表示的是每英寸拥有的像素数量。屏幕像素密度越高，代表显示屏能够以越高的像素显示图像，拟真度也就越高。比如，iPhone 14 Pro Max手机屏幕尺寸是6.7英寸，屏幕像素密度是460ppi，屏幕分辨率为1290×2796，就是指这款6.7英寸的手机屏幕横向能显示1290个像素点，纵向能显示2796个像素点。同样尺寸的屏幕，显示的像素越多，画面就越精细。

打印机分辨率表示每英寸有多少个打印点，如300dpi表示每英寸含300个像素点。分辨率决定了位图细节的精细程度，通常情况下，打印机分辨率越高，包含的像素点就越多，打印的图像就越清晰。通过300dpi可以推算出照片像素和最大打印尺寸的关系，如果像素太小，打印尺寸过大，会导致图像模糊等问题，影响观感。

（三）分辨率比

分辨率比又称长宽比或纵横比，常见的4：3、16：9、16：10、21：9其实就是分辨率中横向像素与竖向像素的比值。

4：3是我们最初用的分辨率比，以前的电脑屏幕几乎都是4：3的比例。宽屏显示器的出现，让16：10开始流行，比较常见的分辨率为1280×800。后来，随着高清电视的普及，16：9的尺寸也开始推广，因为高清电视的片源通常是1080p（分辨率为1920×1080，p即progressive scan，意思为逐行扫描）和720p（1280×720），如果用传统的16：10的显示设备观看高清视频会留有黑边，而16：9尺寸的显示设备可以实现播放时没有黑边。

（四）最小单元格

数字界面是由像素点构成的，因此数字界面的网格系统也是基于像素点来计算的。但由于像素数量很大，如果以1px作为最小单元格构建网格，计算量会很大，因此进行数字界面网格系统设计首先需要定好一个用于构建网格的最小单元格，后续内容元素和布局规则都基于这个最小单元格整数倍递增。设计实践中，网页界面网格系统常用的最小单元格是10px（图7-4），移动端界面网格系统最小单元格常会选择4~10这个范围内的一个偶数。接下来介绍“网格总宽度”“列数”“水槽”“大列宽”（图7-5），这些网格系统组件的尺寸都是最小单元格的整数倍。

（五）网格总宽度

网格总宽度就是数字界面设计内容的整体宽度。对网格总宽度进行规范，可以确保在不同尺寸的屏幕

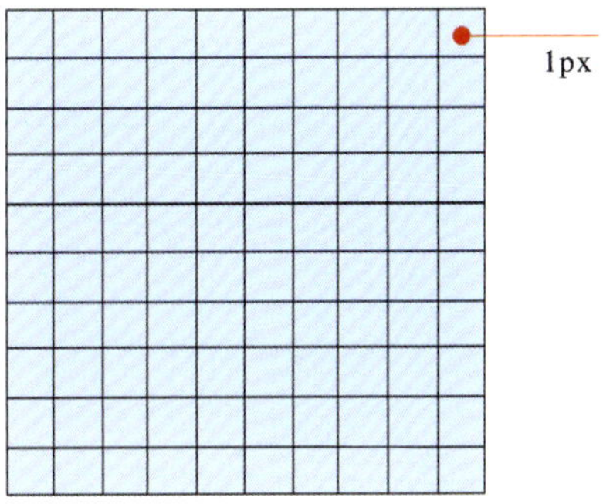

图7-4　常用最小单元格

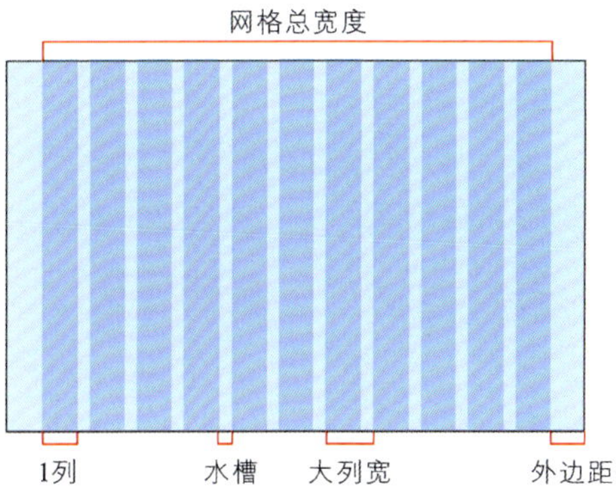

图7-5　数字界面的网格系统

上设计内容尺寸的统一性。数字界面的网格宽度是要有具体尺寸约束的，但由于数字界面（网页或手机App界面）具备上下滑动拓展的特征，加之设计内容的不确定，因此不必设定网格高度。

（六）列数

网格总宽度设定好以后，纵向等分就形成“列”。“列”也是网格的基本单位，它的组合将形成多种不同宽度的板块。“列”的宽度可以计算得出或直接自定义，但要确定列的数目，也就是网格将纵向等分为几列。

（七）水槽

水槽是列与列之间的间隔。水槽宽度越小，内容越紧凑；水槽宽度越大，留白越多，页面更有呼吸感。但水槽宽度不能比列宽大，否则不利于内容的展示。

（八）大列宽

大列宽是列宽和水槽之和。

（九）外边距

外边距是内容之外的留白部分，它会随着设备的宽度不同而变化。外边距一般有一个安全距离，可以按照水槽宽度的倍数（常用的有0.5、1.0、1.5、2.0）来计算。

三、网格系统的分类和计算方式

网格系统最早运用于平面设计，当下已普遍应用于网页、移动端等数字界面设计。由于设计师在进行界面设计时“已知的条件”有差异，因此按照已知条件的差异，我们将数字界面网格系统分为三种。了解这三种网格系统中各要素之间的尺寸计算公式，可以帮助设计师推导出所需要素的尺寸，便于构建精密的网格系统。

我们分别用不同的英文字母代表网格系统中的各要素：W代表“网格总宽度”，即“内容总宽度”；n代表“列数”；i代表“水槽宽度”；a代表“列宽”；L代表“大列宽”，即列宽、水槽宽度之和；M代表“外边距”。

1. 有边距的网格（图7-6）

这类网格适用于设计师已知“网格总宽度”

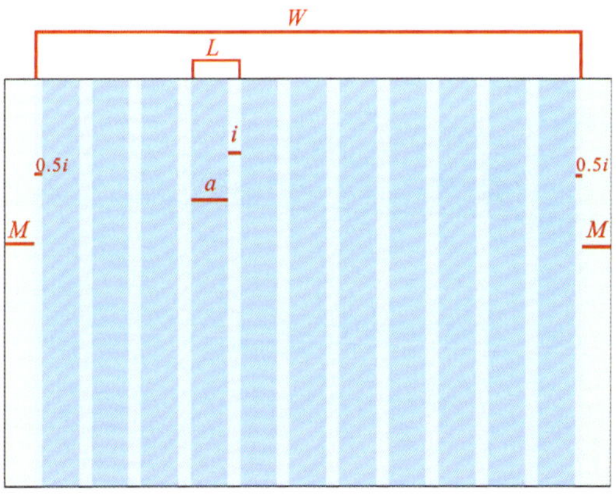

图7-6　有边距的网格

（W），也就是已知设计内容的总宽度，需要计算“列宽”（a）。此时，该类网格要运用的计算公式为$W=(a+i)\times n$，即网格总宽度=（列宽+水槽宽度）×列数。

假设已知内容总宽度（W）为1200，外边距（M）为0.5倍水槽宽度，列数（n）为12，水槽宽度（i）为10，运用公式$W=(a+i)\times n$，我们就可以推导出列宽（a）为90。

2. 无边距的网格（图7–7）

这类网格适用于设计师已知要适配的网页（屏幕）的尺寸，并且需要使用最接近网页（屏幕）尺寸的网格系统容纳内容。此时，该类网格要素间计算公式为$W=(a+i)\times n-i$，即网格总宽度=（列宽+水槽宽度）×列数–水槽宽度。

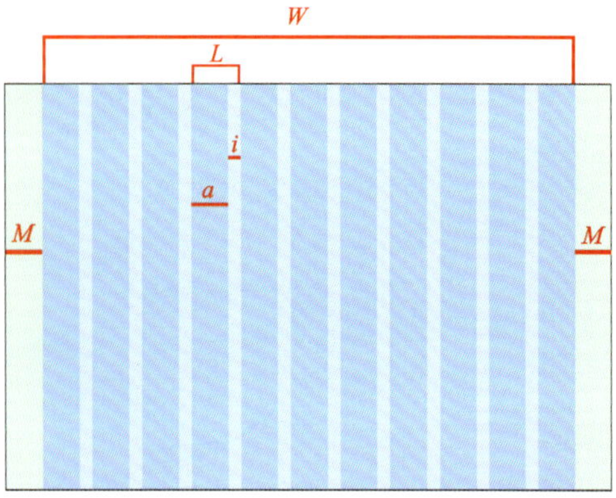

图7–7 无边距的网格

假设已知屏幕的宽度为1200，即内容总宽度（W）的值最大为1200，现在需要计算列宽（a）。假设列数（n）为12，水槽宽度（i）为10，运用$W=(a+i)\times n-i$的公式，得到列宽（a）约为90。这是最接近1200屏幕的网格布局。

3. 直接等分的网格（图7–8）

这类网格适用于设计师已知要设计的内容总宽度（W）、列宽（a）及列数（n）。根据$W=a\times n+$水槽总宽度，可得水槽总宽度$=W-a\times n$，再等分即可。

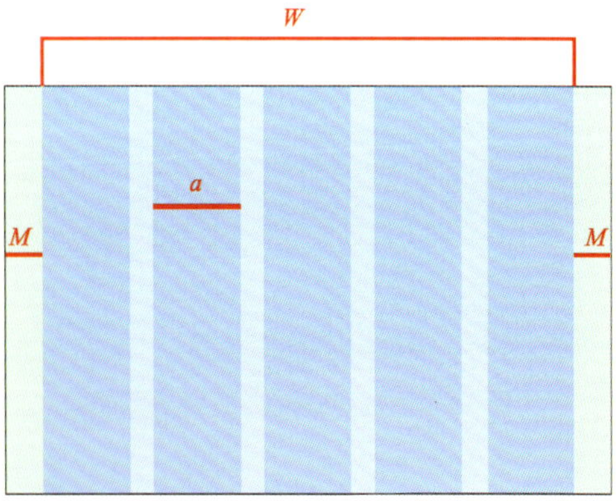

图7–8 直接等分的网格

四、网格系统在响应式布局中的应用

网格系统应用于响应式布局，有三种类型：固定网格布局、流动网格布局和混合网格布局。

（一）固定网格布局

固定网格布局，即列宽和水槽宽度不会改变，只是改变列的数目。当窗口缩放时，排版布局不会发生任何改变，只有达到一个临界值（开发者设置的固定值）时，界面才会发生改变。在此之前，界面都是不变的，一旦超过临界值，整个界面就像一部分被切掉那样。

（二）流动网格布局

流动网格布局，即内容宽度会随着窗口的缩放而发生改变。当窗口缩小时，图片会缩小，文本会换行。水槽的宽度不一定是固定的，可以随着页面宽度变化。

（三）混合网格布局

混合网格布局，即固定网格和流动网格组合的形式，常用于后台系统设计、工具型界面设计等。

五、网格系统在数字界面设计中的运用

我们以手机App界面设计为例，介绍网格系统在网页和手机界面设计中具体的运用步骤。

（一）具体步骤

1. 定义“最小单元格”

前面我们介绍了网格系统是由水平和垂直的线将页面划分成一个个细小的正方形格子，这个正方形的格子就是网格系统中最基本的元——“最小单元格”，即图7–9中黄色区域。

一般而言，最小单元格的数值为4~10内的一个偶数。那么，选用哪个值最合适？这需要从两方面考

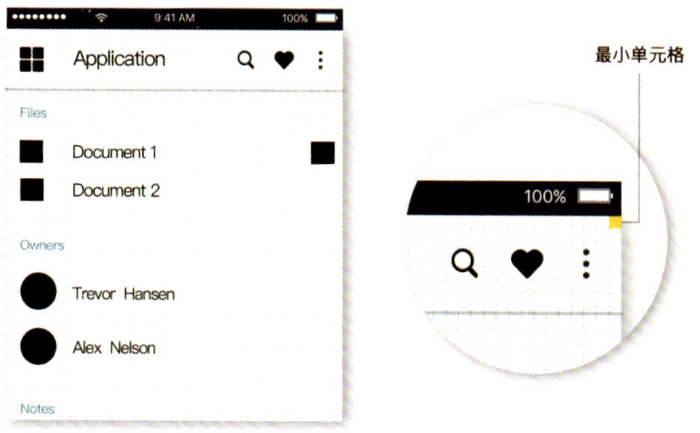

图7–9 最小单元格

虑：一方面是该数值能否被大多数手机屏幕的宽度整除，即广泛的适用性；另一方面是在具体使用时是否具有一定的灵活性。（表7-1）

表7-1　常见屏幕的最小单元格

最小单元格像素	屏幕宽度		
	640px	720px	750px
4px	160	180	187.5
6px	106.6	120	125
8px	80	90	93.5
10px	64	72	75

在适用性方面，4、6、8、10这四个数值基本是可以满足的；在灵活性方面，4px表现最佳，但是页面会被分割得非常细碎，在设计时比较难以把控。

我们需要根据App的实际情况选择合适的数值，4px或6px单元格比较适合页面内容信息较多、布局比较复杂的产品，如淘宝、考拉等电商类App；而对于一般的设计场景，8px单元格就可以很好地满足设计需求，适合大多数的App产品，比较推荐。

2. 确定组件间距的增量关系

既然确定了最小单元格的数值，那么页面上所有的间距（包括水槽宽度、外边距、横向间距等）、组件尺寸等都需要是最小单元格的整数倍，以达到统一视觉节奏的目的。例如，最小单元格设为8px，那么所有用到的间距尺寸将是8px、16px、24px、32px、40px等。（图7-10）

在界面设计中所用到的间距参数都是前期定义好的，设计时使用定义好的参数即可，不要随意增加。如果间距不够用，可以以一定的增量增加间距，灵活运用即可。切记不要随意乱用不符合最小单元格整数倍增量关系的间距。

3. 确定列的数量

在设计App页面时，用到较多的布局方式就是等分布局，即页面内容区域被划分成*n*等份，每份的宽度则根据屏幕宽度自适应调整。我们从这个角度出发，思考页面的网格应该设置为多少列，才能最大限度地满足各种等分布局的需要。

这里列举了几种典型情况，我们发现12列和24列除了5等份外，其他情况都可以满足，即从适用角度来看，列的适用结果为：12列=24列>6列>8列。不过其中24列显然将有限的手机屏幕分割得太碎了，因此在实际使用中还是以12列和6列为主。（图7-11、图7-12）

4. Sketch布局设置

Sketch是一款常用的交互设计软件，利用Sketch的布局设置功能，即可快速搭建出网格系统的参考布局，在设计实践中，常使用Ctrl+L快捷键切换布局的显示，提高设计效率。

利用Sketch设置布局时有几点需要注意（图7-13）：

①总宽=屏幕总宽度-外边距×2；

②偏移=外边距；

③“装订线在外部”不要勾选。

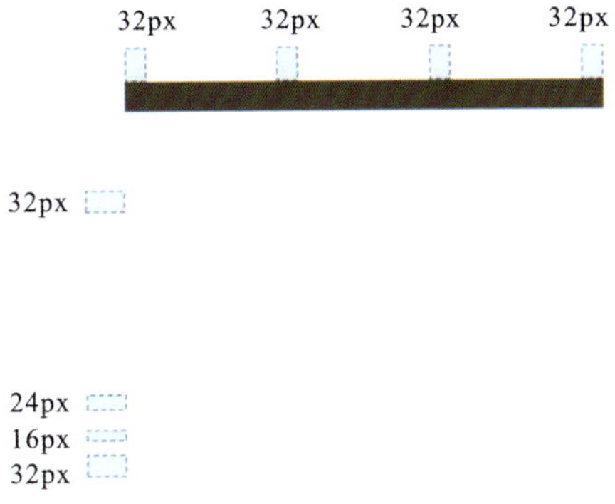

图7-10　所有间距均为最小单元格的整数倍

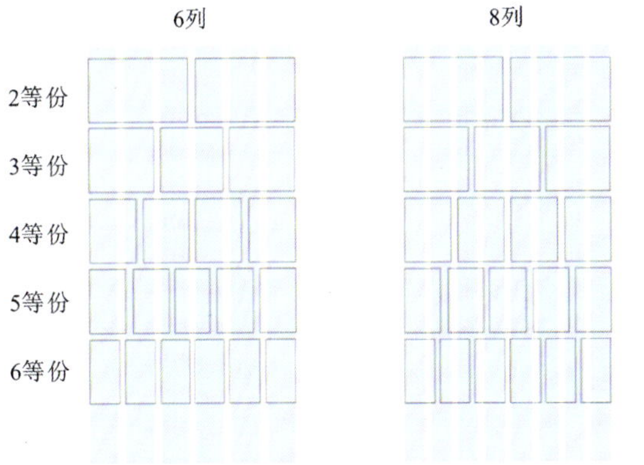

图7-11　6列和8列演示

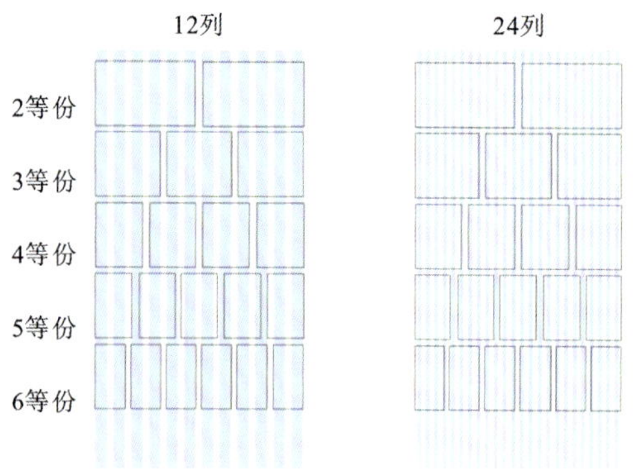

图7-12　12列和24列演示

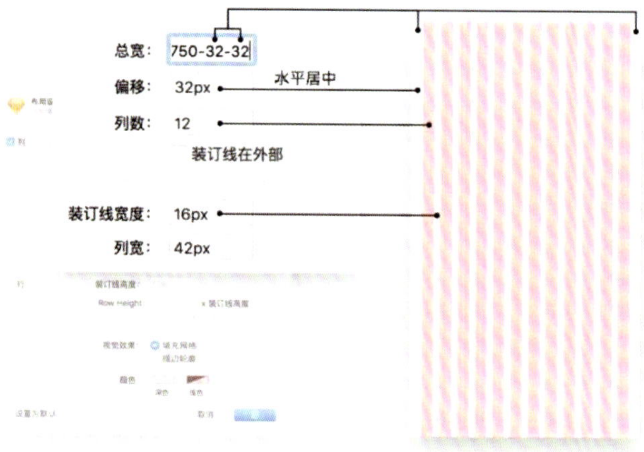

图7-13　Sketch布局设置

（二）实际设计运用

这里我们用两个App界面设计案例来阐述网格运用的步骤和作用。

1. 武汉地铁App

下面我们以武汉地铁App的首页为例，利用6px、12列网格系统对界面进行一次优化。

在首页设计的初期，还没有运用完整的网格系统进行规范，各个布局模块之间没有形成内在关联的位置关系，视觉节奏不流畅，样式不统一。大部分元素都没有与网格贴合，布局无规律，没有一个客观的参考样式。（图7-14、图7-15）。

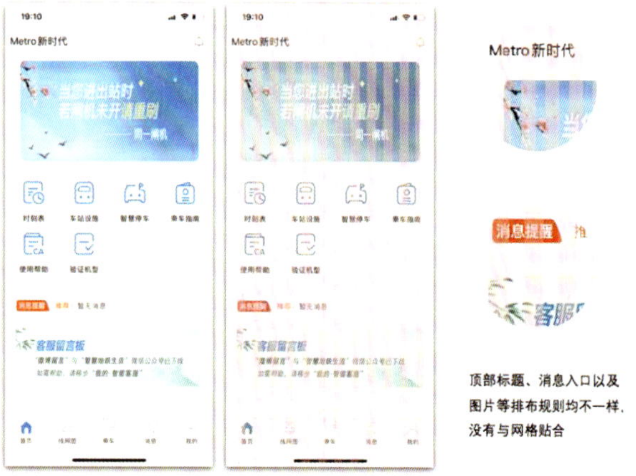

图7-14　武汉地铁App界面问题（1）

现在，我们使用6px、12列网格系统对首页进行一次布局优化。从图7-16中我们看到，无论是顶部标题、消息入口、图片图标，都由网格系统整体串联起来了，不再是凌乱独立的个体，阅读起来更顺畅。横向的间距也使用6px的整数倍，给用户带来更有节奏的浏览体验。

在运用网格系统进行App界面设计时，还需注意

图7-15　武汉地铁App界面问题（2）

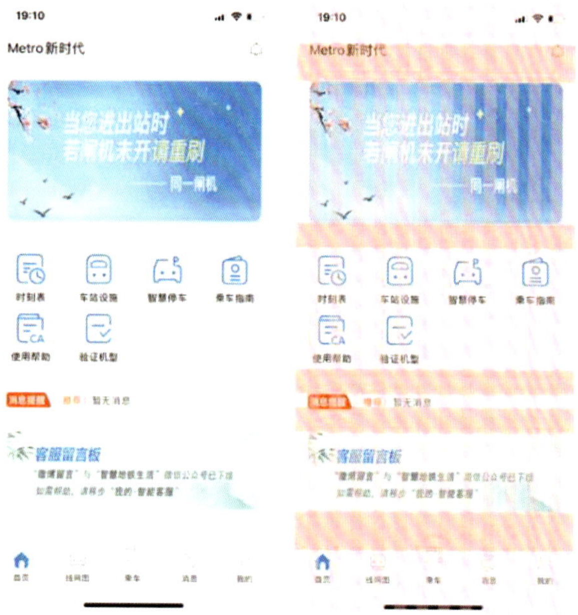

图7-16　运用网格规范武汉地铁App

以下两点：

（1）网格系统不要生搬硬套

并不是每个元素都必须与网格对齐，要根据自己的实际需要而定，如果硬套进去的话，页面就会显得很怪异。

（2）网格不能被整除

大家在做设计稿的时候，最常用的画布尺寸也许就是iPhone12的1170×2532了，有些同学会发现，在这个尺寸下，如果以8px为最小单元格时，画布是无法被整除的（即1170px宽度下除去所有外边距和水槽宽度后，每个红色的列宽实际为71.5px）。

那么，大家就会产生疑问：这是不是就意味着网格系统不能用了？

其实，这属于正常现象，因为没有哪一套网格系统在任何屏幕分辨率下都能被完美整除。我们只需要保证提供给研发的数值遵循网格系统规律即可，至于页面中计算得来的数值，有一些细小的偏差肉眼是感觉不出来的。

网格系统是视觉设计师强有力的辅助工具，它能指导我们用更科学的方式进行设计，从而让页面布局规范有序、节奏统一，提升设计效率。网格参数种类繁多，需要根据实际情况构建一个适合产品调性的网格系统。

2. 喜马拉雅App

我们再以喜马拉雅App中三级页面的版式为例阐述网格应用的步骤。

喜马拉雅App是一款精品电台音乐手机应用，本案例以App中的首页、详情页、分类页三个部分展开示例。

（1）绘制草图

当拿到一个App界面设计任务后，先要梳理出页面中包含的内容模块，再依据模块将内容按照信息层级关系安排到页面对应位置。例如，首页分为搜索栏、banner、分类选择以及软件推送等内容模块，详情页有会员分类、经典推荐、限时免费听等内容模块，分类页有经典小说、趣味相声、最热播客等内容模块。（图7-17）

底部导航一般位于App一级页面的底部，以“图标+文字”的形式展示，用户点击相应导航可切换页面内容，不必按照网格排版设计。

（2）确定网格

如图7-18所示，首页被分为4等份，详情页和分类页都被分为3等份，因此选择12列网格，既能适用于首页的4等份需求，也能满足详情页和分类页的3等份需求。

以iPhone12的屏幕尺寸为例，运用8px、12列的

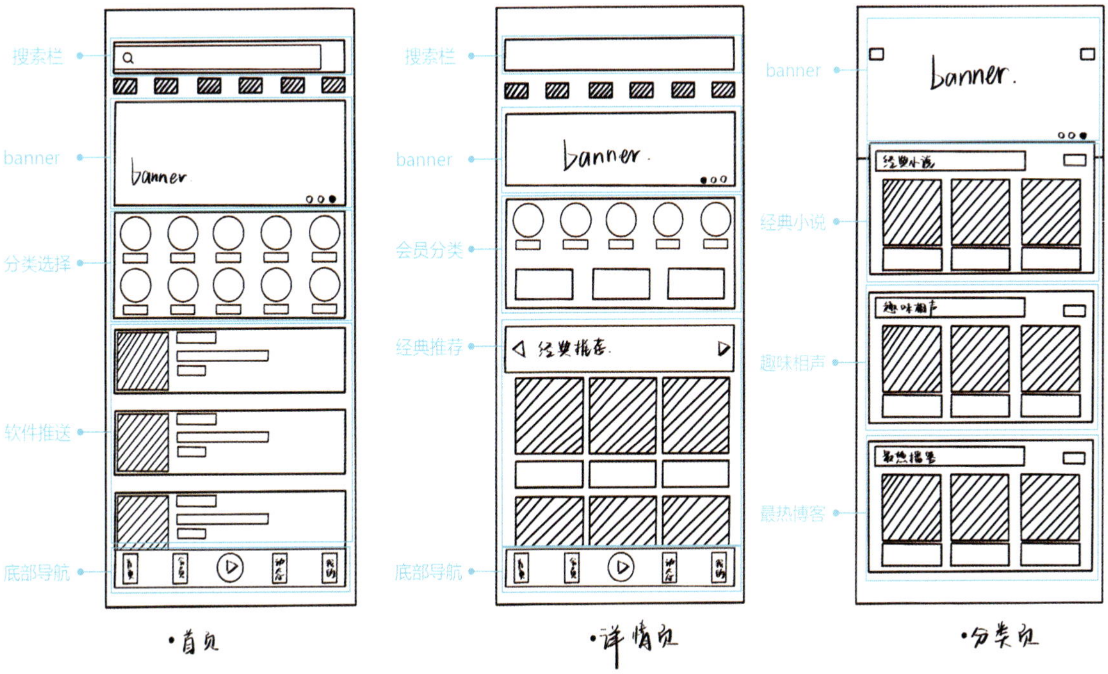

图7-17 喜马拉雅App草图

网格来制作页面。界面、间距和组件尺寸规范如图7-19所示。

①界面尺寸（分辨率）：1170×2532。

②状态栏：位于界面最上方，主要用于显示当前时间、网络状态、电池电量、SIM运营商。iPhone12等全面屏型号的手机界面状态栏高度通常为132px。

③标签栏：即底部导航栏，其高度为98px。

④外边距：24px；水槽宽度：24px。

⑤组件间距：亲密距离，24px；疏远距离，48px、56px。

⑥其他距离：16px、64px等。

（3）使用Sketch布局（图7-20、图7-21）

六、动态网格

在跨媒介语境下，面对新媒介版式设计的新需求，动态的信息处理会变得非常普遍，配合动态信息

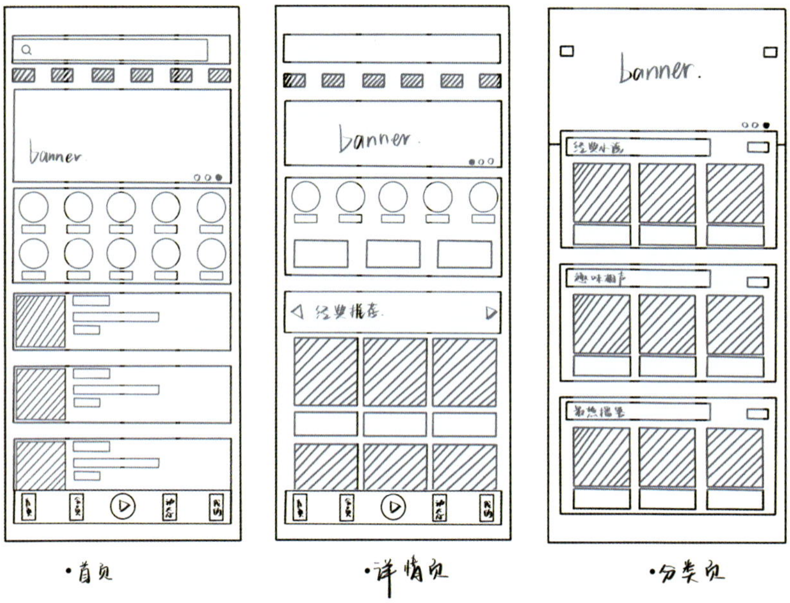

图7-18 喜马拉雅App草图列数

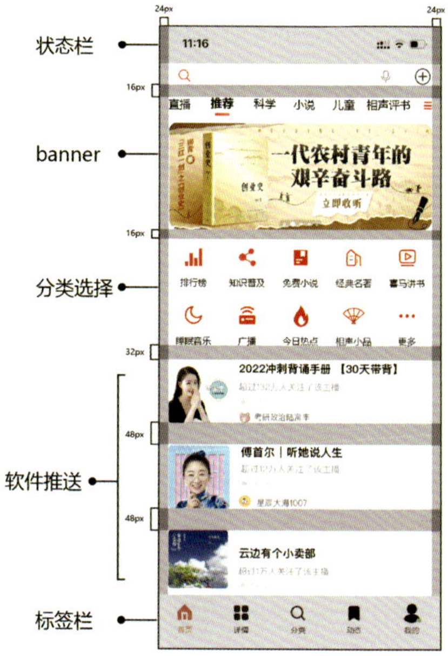

图7-19 界面间距及组件尺寸

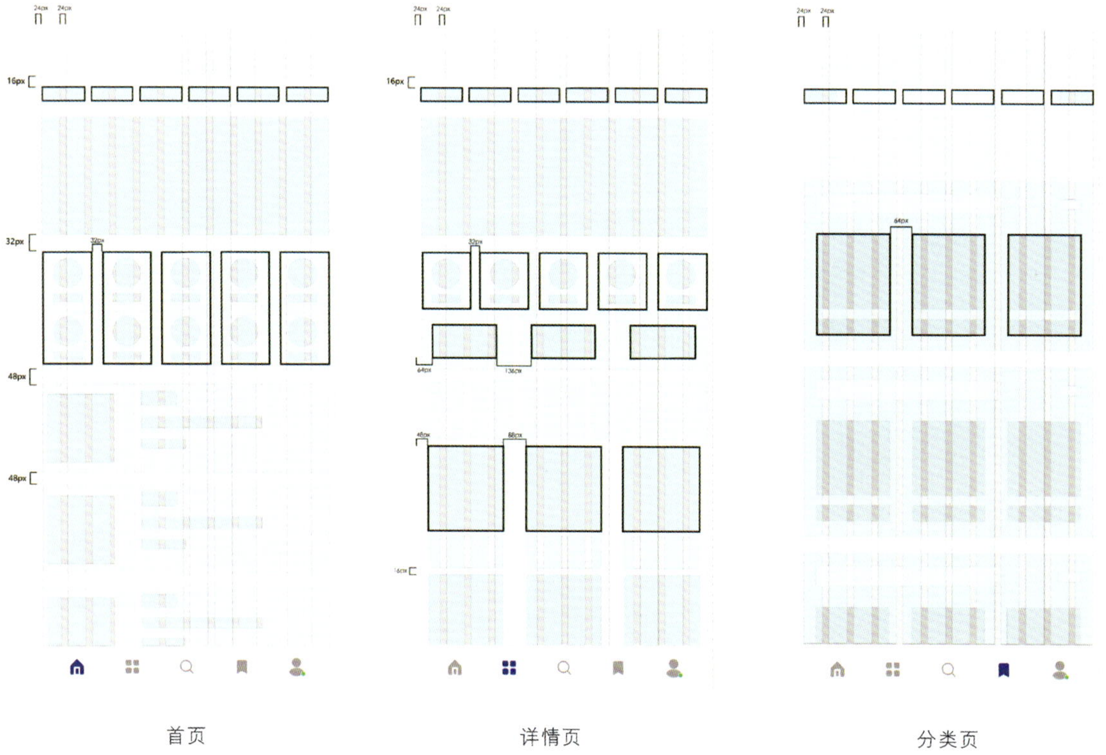

图7-20 App低保真界面

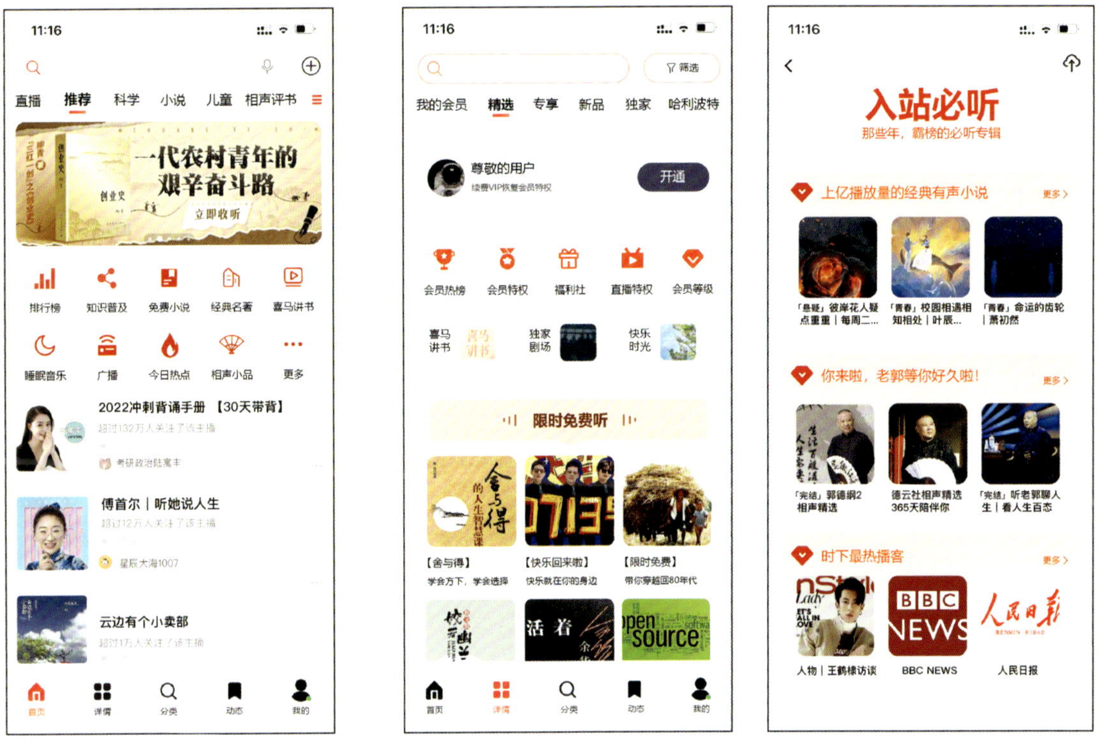

首页　　详情页　　分类页

图7-21　App高保真界面

编排就衍生出可变网格，即动态网格。

（一）动态

相对于静态而言，动态是对静态概念和动势的一种延伸。动态是建立在静态的基础上的。设计师在进行动态设计时应以信息为出发点，而不是以效果或者最终呈现的形式为出发点。

（二）动态与动画

动态不是动画，动态（图7-22）呈现的是一种简短重复的视觉效果，其本质还是对形象的演绎，没有故事性，是一个短暂循环的时间轴。动画（图7-23）有故事性，时间较长，且不是循环的。

井口皓太动态设计作品

动态的目的是加强视觉记忆，突出视觉特征，深化视觉概念，没有故事性。动画的目的是讲述内容，表现故事的发展或者事物的变化，强调故事性。

图7-22　GDC Award 21海报

图7-23　孙悟空动画

（三）动态的构成

动态包含时间、位置、方向、大小、局部与完整、破坏这六种形式（图7-24）。

①时间：有运动就有时间。文字从左至右移动产生了运动的趋势，这种趋势代表时间的流逝产生了时间性的位移。

②位置：有了位置、空间上的变化才有了运动。

③方向：每个物体都会有运动的方向，每个动态也会呈现运动的方向性。物体本身方向上的运动再加上一些位移，会使版面在阅读方向上有明显的变化，产生运动的趋势。

④大小：大小的变化会给人一种镜头推进或者疏远的运动感。

⑤局部与完整：从无到有慢慢展示一个完整的文字，会产生不断增加的动感。

⑥破坏：从整体变为碎片，到最后消失，再从碎片变成整体，如此循环。

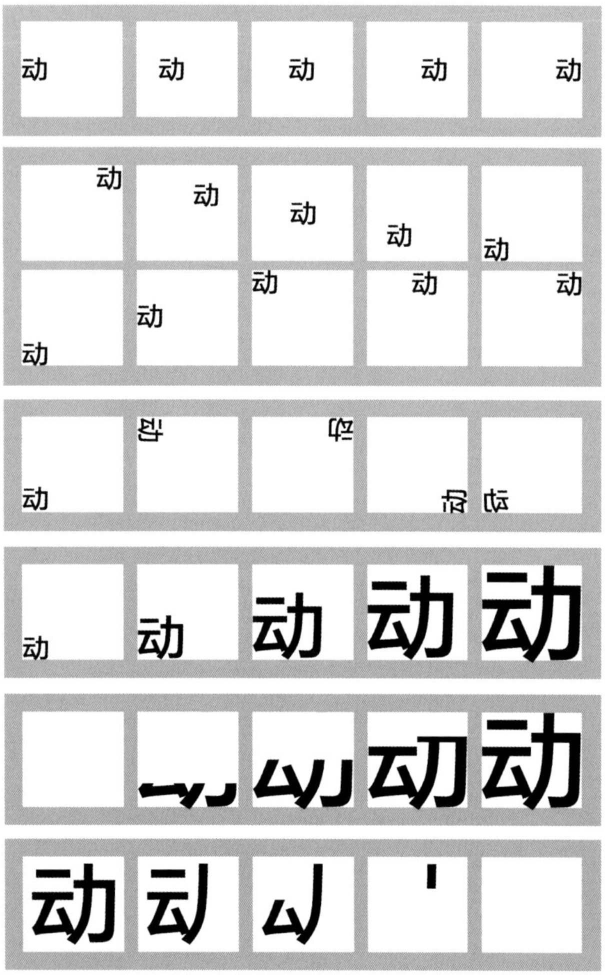

图7-24　动态的六种形式

（四）动态网格的建立

（1）静态网格与动态网格

动态海报

静态网格建立在一个平面内，适用于静态信息的版式设计。动态网格建立在多个平面内，多层次的网格相互交替产生运动变化。

（2）动态网格的层次

一般而言，动态网格建立在2~3层的基础上，最底层是基本信息文本层，最顶层是动态变化的信息文本层。

（五）案例分析

日本有名的设计师佐佐木俊为东京国立近代美术馆设计了一张动态海报。海报以该美术馆的场地平面图为主要图形，结合必要的文本信息，运用网格进行编排，加之简单的动态位移，使海报表达的“场所”概念更加直观、深入人心。

我们将从信息层级的建立、动态网格的设定、动态效果的制作这三个方面尝试拆解海报的制作过程，分析如何使用动态网格进行编排。

1. 信息层级的建立

信息层级的建立是设计师开始视觉设计之前必须做的事情。梳理清楚信息之间的关系十分重要，这有助于我们准确地传达信息。

如图7-25所示，这是一则展览信息，经过梳理我们会发现，这则展览信息主要包含展览主题、展览场馆、展览地点、展览时间以及展览内容，根据受众阅读信息的特点，我们可以将这些信息按照主次划分为

图7-25　文本信息

三个信息等级（图7-26）。

2. 动态网格的设定

根据海报主题选择场馆平面图作为主视觉图形，并将版面进行有序划分，建立合适的网格系统，这些网格将为图形的运动提供支持。（图7-27、图7-28）

根据文本信息层级关系，将不同层级的文本置入网格系统，并调整其字号、字体、间距等，以营造出符合信息层级关系的视线移动路径。

3. 动态效果的制作

将编排好的海报导入AE（Adobe After Effects，专业动态制作软件）进行动态制作。因为该海报使用动态效果的目的是强化海报主题中“场所”的语义，所以在动态结构的选择上采用了“局部与完整”的手法，表现该场地收缩与扩张的动态过程。

在AE中的主要操作是路径和位置的变化。以右上角的美术馆logo的运动轨迹为例，我们先确定运动方向，然后在运动开始和结束位置分别设立关键帧。海报其他部分的动态效果也按同样的方法制作即可。

在这个视觉信息爆炸的社会，人们对动态的需求与日俱增，但是我们仍然要明确动态的目的是加强视觉记忆，突出视觉特征，深化视觉概念，切忌掉入一味追求炫酷动效的旋涡。只有“静”得扎实，才能“动”得多彩。

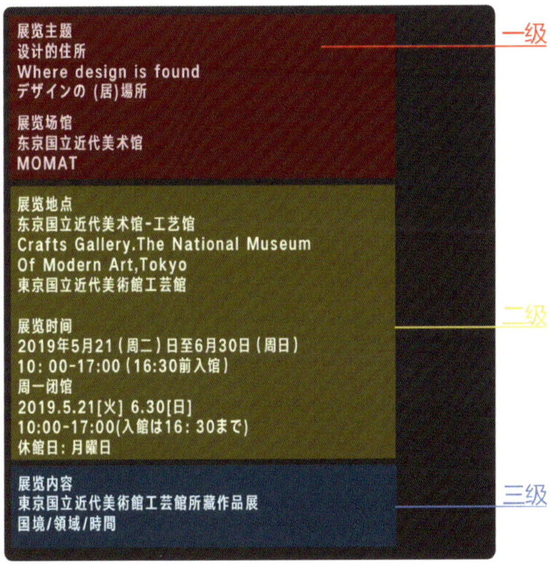

图7-26　文本信息层级关系

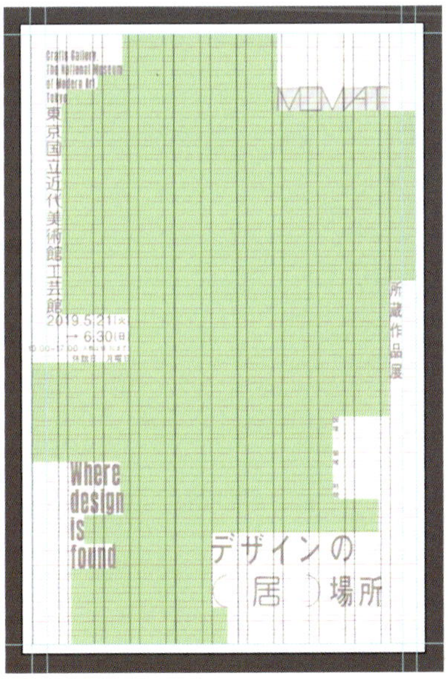

图7-27　动态海报网格演示图（1）

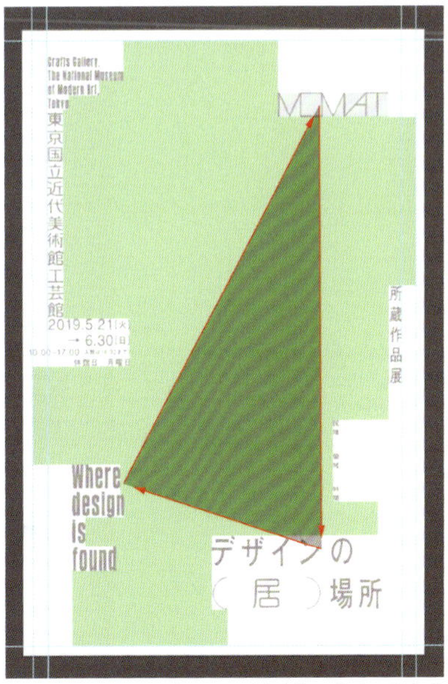

图7-28　动态海报网格演示图（2）

思考题

1. 假设我们要为一款与音乐相关的App首页界面设计网格系统，该App首页（图7-29）包含搜索栏、banner、每日推荐、私人FM、排行榜、个人喜欢、推荐歌单、热门播客、标签栏9个板块。我们选用iPhone 12作为界面适配载体，界面外边距设定为20px，使用8px作为最小单元格尺寸，并且设定了12列的网格展开设计，那么该网格的列宽应该设为多少合适？

2. 经过七个章节的学习后，相信你对版式设计有了一定的了解，祝贺你初步完成了本书的学习。当然，在这里还有一个问题要考考你：回顾所学的知识，你能试着总结出纸质媒介和数字媒介版式设计的特点吗？它们之间又有什么异同呢？

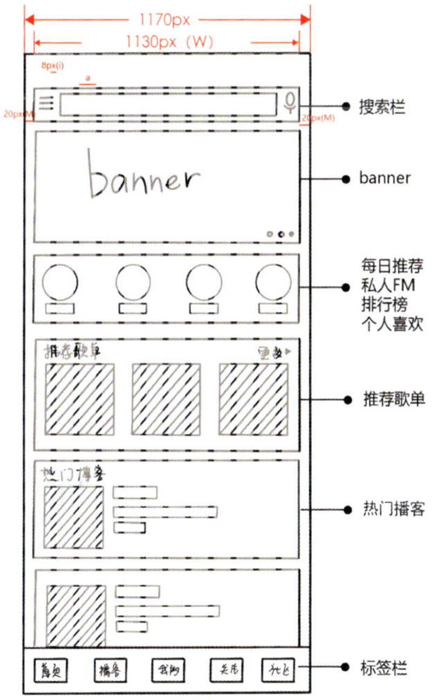

图7-29　App首页界面

参考文献

[1] 视觉设计研究所. 版面设计基础[M]. 北京：中国青年出版社，2004.
[2] 约瑟夫·米勒-布罗克曼. 平面设计中的网格系统：经典版[M]. 上海：上海人民美术出版社，2021.
[3] 南云治嘉. 商业推广设计手册：传单版式设计[M]. 北京：中国青年出版社，2006.
[4] 南云治嘉. 版式设计基础教程[M]. 北京：中国青年出版社，2010.
[5] 金伯利·伊拉姆. 美国编排设计教程[M]. 上海：上海人民美术出版社，2009.
[6] 甲谷一. 日本版式设计原理[M]. 上海：上海人民美术出版社，2016.
[7] 加文·安布罗斯，保罗·哈里斯. 国际平面设计基础教程：字体设计[M]. 北京：中国青年出版社，2006.
[8] 加文·安布罗斯，保罗·哈里斯. 国际平面设计基础教程：网格设计[M]. 北京：中国青年出版社，2008.
[9] 佐佐木刚士. 版式设计原理[M]. 北京：中国青年出版社，2007.
[10] 刘晓翔. 汉字网格与文本造型[M]. 上海：上海人民美术出版社，2023.